建筑智能化工程项目教程

主 编 马红丽

北京理工大学出版社
BEIJING INSTITUTE OF TECHNOLOGY PRESS

内 容 简 介

本书包含智能化工程建设基本知识、公共安全系统、建筑设备管理系统、信息设施系统、建筑智能化系统集成、绿色智慧建筑应用六个部分。依据不同专业灵活组合，使教学内容既独立又系统，满足OBE工程教育模式。本书不仅强调理论知识学习，更关注学生的创造力及适应国家数字化、绿色化发展综合能力的培养，给学生提供了一本可扩展、可持续学习的项目案例实践手册。此外，本书案例实用，每个项目均配备信息化课件及课后练习。

本书可作为建筑电气及智能化、电气工程类专业的方案论证、绿色智慧运维等建筑智能化技术的专项训练教材，也可作为工程管理、土木工程等相关专业的建筑智能化基础教程。

图书在版编目(CIP)数据

建筑智能化工程项目教程 / 马红丽主编.--北京：
北京理工大学出版社，2022.7
　ISBN 978-7-5763-1489-2

　Ⅰ.①建… 　Ⅱ.①马… 　Ⅲ.①智能化建筑-工程施工
-教材 　Ⅳ.①TU745

　中国版本图书馆CIP数据核字(2022)第122968号

出版发行 / 北京理工大学出版社有限责任公司
社　　　址 / 北京市海淀区中关村南大街5号
邮　　　编 / 100081
电　　　话 / (010)68914775(总编室)
　　　　　　(010)82562903(教材售后服务热线)
　　　　　　(010)68944723(其他图书服务热线)
网　　　址 / http://www.bitpress.com.cn
经　　　销 / 全国各地新华书店
印　　　刷 / 北京紫瑞利印刷有限公司
开　　　本 / 787毫米×1092毫米　1/16
印　　　张 / 15.5　　　　　　　　　　　　　　　　责任编辑 / 江　立
字　　　数 / 373千字　　　　　　　　　　　　　　文案编辑 / 李　硕
版　　　次 / 2022年7月第1版　2022年7月第1次印刷　责任校对 / 刘亚男
定　　　价 / 88.00元　　　　　　　　　　　　　　责任印制 / 李志强

PREFACE 前　言

我国建筑历史悠久，建筑形式多样，形成了灿烂的中华建筑文化。几千年来，我国各个时期的建筑与当时社会的科学技术发展水平有着密切的联系，并具有显著的时代特征。

进入20世纪80年代，随着工业化、电气化的进程及计算机技术、信息技术的快速发展，催生了新一代的建筑——智能建筑。在此环境下，人们对建筑的安全性、舒适性、便利性、信息交互性等诸多方面提出了新的、更高的要求。20世纪80年代后期，我国积极开展了智能化技术的探索，融合4C技术（计算机技术、控制技术、通信技术和图像显示技术）综合应用于建筑，使建筑成为形式与数理的统一及智慧的终端。

从20世纪90年代起，我国建筑业蓬勃发展，功能不断完善，信息化、数字化、智能化、绿色化含量不断提高，表明智能建筑的发展是我国社会、科技、经济发展的客观要求，是社会信息化的必然结果。建筑智能化技术将使建筑业的发展上一个新台阶，给我国建筑业全方位的影响和变革。

随着我国智能建筑业的快速发展，急需培养大量建筑智能化领域的高级专业人才。对于从事建筑设计、建筑施工、设备安装、工程监理及物业管理等行业的广大工程技术人员来说，面临着更新知识，获取信息化、智能化理论知识和经验的新任务。因此，高等学校相关专业的方向和课程设置上应及时进行调整，适应我国智能建筑业快速发展需要。

本书编写组人员来自高校、科研机构及智能化相关企业，有着丰富的智能化专业教学、科研和工程实践方面的经验。主编马红丽拥有近三十年的智能化工程设计经验。本书编写过程中参阅了同行多部著作，得到了北京构力科技有限公司、北京绿建软件股份有限公司、杭州天赐宏业科技有限公司、自动化（上海）有限公司、建筑设计院等科研企业从案例到技术的支持，特此致谢。本书案例注重真实性、时效性，将教育部"加强碳达峰碳中和高等教育人才培养"要求纳入教材体系，突出绿色低碳理念与智能化技术；项目围绕建筑智能化系统展开，融入BIM技术及智慧城市CIM技术，将数字化技术应用于教学。本书强调基本概念、基础知识、基本原理的学习和掌握。每个项目以任务形式分模块介绍智能建筑工程的子系统，例如公共安全系统、信息设施系统、建筑设备管理系统及智能化系统集成等涉及的工程设计方案、智能运维等；同时，也给出了智慧社区及绿色建筑智能化系统典型案例。每个项目安排了思考题，可帮助学生理解和掌握重点内容。

本书可作为高校建筑电气及智能化专业、电气工程、信息技术、建筑环境设备等专业的教材，也可作为智能建筑工程设计、监理和物业管理人员的进修参考书。建议学时为48～64。

不积跬步，无以至千里，不积小流，无以成江海。我相信，该书的出版，将有效帮助建筑智能化技术领域的教学和工程实践，为我国智能化技术的发展注入一泓清泉。

陈宇晨教授

2022年于上海

CONTENTS

目　录

教材导学

一、教材信息

本书通过建筑智能化系统展开教学，融入 BIM 和 CIM 数字化技术，依据建筑智能化工程建设的典型工作任务，与企业联合开发基于学习领域的活页式教材，是一本助力智慧理念培养，对智能化形成独到观点能力的主动学习和有效学习的新形态教材。

本书以六个项目单元组成，围绕建筑智能化工程实施流程展开，配合十四个任务练习，推行"教、学、做"融为一体的教学模式，使学生完成智能化工程建设的认知、智能化系统的组成分析及工作原理的学习，可满足建筑电气及智能化专业、电气工程及智能控制、智能建筑工程与运维、电气工程及其自动化及工程管理等专业的"智能建筑教程""楼宇自动化技术与应用""建筑智能环境学""楼宇管理综合实训"及"建电课程设计指导"等专业课程的教学或组合教学。

二、教材使用

本书为学生掌握建筑智能化系统的基本概念、熟悉建筑智能化设备的选择原则、新技术应用提供了丰富案例，为学生毕业后从事建筑智能化方面的工作打下坚实的基础。

本书采用项目单元教学模式，每个项目单元是平行的，教师可以根据专业教学需要自行调整前后顺序，也可以与本专业其他课程进行组合教学。

（1）"活页教材"中制定了每个项目单元的学习目标，明确了理论与技能要求，教师可利用案例分析呈现智能化工程的虚拟工作场景，完成"项目流程"中基于岗位任务的教学工作。

（2）项目单元按照三部分设计教学模块。课前通过"任务说明"导入真实案例，完成学习情境知识体系的建立；课中"任务准备"的知识链接，由教师利用"引导问题"，开展启发式教学，锻炼团队学习精神及多渠道自主学习的能力；课后以小组为单位展示"任务练习"成果，插入活页教材；最后通过讲评，完成过程性考核。

（3）"任务练习"是基于项目单元"任务准备"开展的教学活动，是学生获取本教材知识能力的重要环节。章节的"引导问题"帮助学生完成"任务练习"中关于"智能化系统的建设流程，智能化子系统的应用环境"等任务要求；学生可将完成资料整理后，插入对应章节的活页中，形成真正的"工作手册"。

（4）以我国智能化发展历程为主线，以老一辈科学家艰苦奋斗、矢志报国的事迹感染学生，以任务形式融入"课程思政"，以我国高新技术在艰难的国际局势中自主创新、砥砺前行的发展历程激励学生，培养学生勇于担当，履行时代赋予使命的责任；培养学生爱国主义情怀，坚定对国家科学发展、生态发展政策认同的理念。

三、教材任务

序号	项目	实验(训)任务名称	建议学时	要求
1	项目一：智能化工程建设基本知识	任务练习　绿色建筑、智能建筑等级评估申报流程	2	必选
		任务练习　建筑智能化系统配置需求调研表	4	必选
		任务练习　基于BIM技术的智能化系统工程调研报告	2	可选
2	项目二：公共安全系统	任务练习　智慧社区之访客对讲管理系统	6	必选
		任务练习　火灾自动报警系统及联动控制	8	必选
3	项目三：建筑设备管理系统	任务练习　供配电系统的监控	3	必选
		任务练习　中央空调系统DDC的配置	4	必选
		任务练习　DDC给水排水系统的运行与监控	3	必选
		任务练习　建筑设备监控系统设计	6	可选
		任务练习　建筑能效平台监控	3	必选
4	项目四：信息设施系统	任务练习　综合布线系统设计	10	必选
5	项目五：建筑智能化系统集成	任务练习　数字校园一卡通管理系统	6	必选
		任务练习　弱电系统综合管道实施	4	可选
6	项目六：绿色智慧建筑应用	任务练习　绿色建筑大数据应用	3	可选
	合　计		48～64	

四、教材评价

(一)考核要求

本书教学课程建议采取过程性考核与终结性考核结合方式，并将课程思政内容加入成效考核。

(二)成绩评定

序号	考核形式	考核方法	考核权重	备注
1	平时表现	预习、出勤、课堂互动等表现	20%	
2	任务练习	作业次数、任务完成满意度，成果展示、技术交底	40%	
3	课程考试	百分制	40%	
	总评成绩		100%	
说明：学生不提交或被认定为抄袭者，以0分计算。参与竞赛等学校活动有适当加分				

五、参考书目及学习资料

选用教材:《建筑智能化系统工程技术》,马红丽/自编,2021.7

参考书目:

[1] 谢莉. 建筑智能化技术[M]. 北京:中国水利水电出版社,2008.

[2] 章云,许锦标,谷刚,等. 建筑智能化系统[M]. 2版. 北京:清华大学出版社,2017.

拓展资料:

(1)http://www.ib-china.com/中国智能建筑信息网

(2)http://www.qianjia.com/千家网

(3)http://www.chzl.org/中国智能建筑协会

(4)https://www.thtf.com.cn/同方股份有限公司(清华同方)

(5)https://www.pkpm.cn/北京构力科技有限公司

(6)http://www.gbsware.cn 北京绿建软件股份有限公司

(7)https://www.greatgroup.com 上海格瑞特科技实业股份有限公司

建筑智能化工程知识图谱

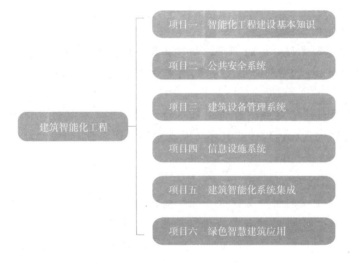

项目一 智能化工程建设基本知识

项目目标

1. 了解建筑智能化系统内容，掌握基于 BIM 技术的智能化工程项目管理基本知识；
2. 了解建筑智能化系统工程项目建议书与可行性研究的联系；
3. 熟悉建筑智能化工程建设的审批、核准与备案条件；
4. 初步了解建筑智能化工程 BIM 信息平台的建设流程。

能力目标

理论要求：

1. 掌握项目、工程建设项目基本概念；
2. 了解项目与建设工程项目之间的相互关系。

技能要求：

1. 熟悉建筑智能化工程建设程序；
2. 完成智能化典型工程案例的调研，初步具备分析、归纳、整理资料的能力；
3. 通过小组合作，以 PPT 的形式分享"智能建筑发展趋势"的成果。

思政要求：

调研中共一大会址修缮完成中智能化系统的应用，共同追寻红色记忆，不忘初心、牢记使命，让红色基因代代相传！尝试数字化呈现中共一大会址，打造"红色建筑"基因库。

项目流程

1. 授课教师以典型案例讲解工程项目及智能化协同相关理论知识，通过实际案例的导入使学生深入理解基于 BIM 的建筑智能化工程信息平台建设流程。

2. 学生分组查阅国内外著名智能建筑，熟悉建筑智能化系统的组成、功能及特点。

3. 针对智能化工程典型案例调研，绘制建筑智能化工程项目建设的思维导图。

4. 学生通过 PPT 讲解建筑智能化工程建设的流程及技术文件的准备，学生和教师互相对内容进行点评、打分，最终汇总个人成绩。

5. 参考课时：6～8 课时。

任务一　智能化系统工程建设流程

案例分析

项目名称：某商业综合广场(图 1-1)

项目概况：基地位于城市副中心，核心商务区；项目用地分为 4 个地块，使用功能为商业、餐饮、办公楼及住宅，总建筑面积为 186 000 m²，5 栋高层办公楼，商业建筑为多层，地下 2 层为停车场。在区域总体规划中，不但设计有休闲绿地和开放式广场的园林式环境，还设计有高性能的信息与智能化系统，可实现网络化办公和电子商务的现代化科技服务；该基地将建立先进的综合物业计算机管理系统、集中的园区安全防范体系、自动化的机电设备监控管理系统、便捷的一卡通服务系统，以及提供全方位的信息服务平台和园区 Intranet 宽频网络。

1. 智能建筑在国内、国外的定义是什么？

2. 为什么说智能建筑将成为建筑业发展的方向？

3. 依据《智能建筑设计标准》(GB 50314—2015)，按照"宜配置"弱电系统论述该项目的智能化系统工程架构，包括设计等级、架构规划、系统配置内容。

4. 本工程有住宅和商业区建筑，根据市政公用叙述需要哪些配套系统。

5. 参考课时：2课时。

6. 学习资源：

工程项目的
设计阶段

工程建设
项目种类

办公楼弱
电系统图

公交站工程智能化
系统建设项目建议书

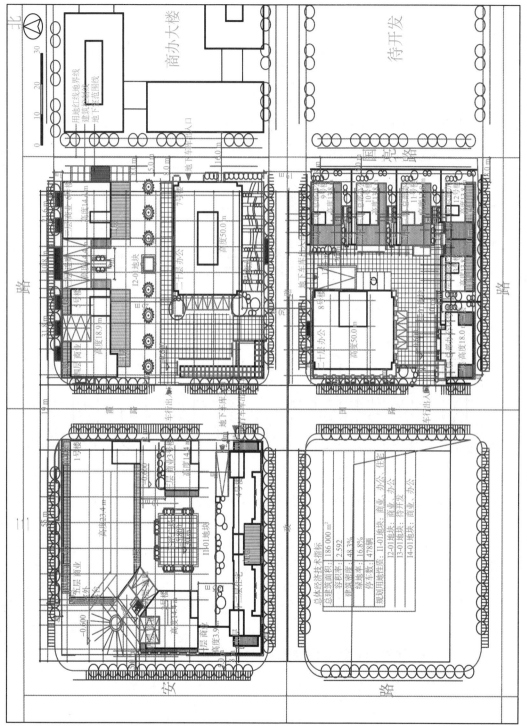

图 1-1 某商业综合广场规划总图

任务练习 绿色建筑、智能建筑等级评估申报流程

姓名：　　　　　　班级：　　　　　　　　学号：

<table>
<tr><td>小组名称</td><td></td><td>小组成员</td><td colspan="2"></td></tr>
<tr><td>任务名称</td><td colspan="2">绿色建筑、智能建筑等级评估申报流程</td><td>成绩</td><td></td></tr>
<tr><td>任务目的</td><td colspan="4">1. 调动学生参与教学的积极性和主动性；
2. 增强学生创新意识与对智能化系统、绿色技术的热爱；
3. 培养主动学习，利用课外时间获取智能化系统工程技术相关知识的能力；
4. 熟悉智能化系统工程建设及绿色建筑申报流程</td></tr>
<tr><td>任务说明</td><td colspan="4">1. 建议 3 人一组开展学习；
2. 自由选择调研对象，建议选择近几年国家建设项目；
3. 按照任务准备知识，熟悉申报流程图；
4. 下面是参考工程案例，也可自选</td></tr>
<tr><td>工程项目介绍</td><td colspan="4">本工程项目总建筑面积为 186 000 m^2，主要由 16 栋高层住宅、部分沿街配套用房及地下车库组成，居住户数为 1 200 户，容积率为 1.99。依据下图叙述建筑智能化系统工程建设程序及每个阶段涉及的技术文件：
1. 可行性研究报告；
2. 初步设计文件；
3. 施工图设计文件。
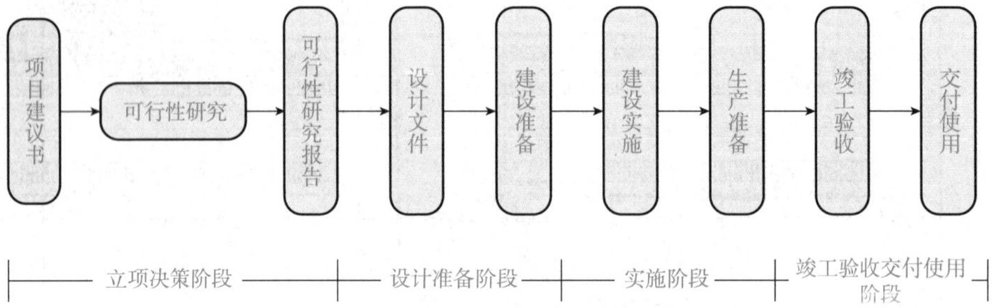
项目建议书
可行性研究
可行性研究报告
设计文件
建设准备
建设实施
生产准备
竣工验收
交付使用
立项决策阶段
设计准备阶段
实施阶段
竣工验收交付使用阶段
问题 1：按照上图叙述建筑智能化系统工程建设各个阶段工作要点：

问题 2：作为建设单位申报建筑智能化系统配套需要哪些技术文件？</td></tr>
</table>

序号	评价项目及标准	小组自评	小组互评	教师评分
1	新建智能化系统建设阶段内容(30分)			
2	总结项目实施遵循的原则(30分)			
3	工作态度良好(20分)			
4	文明讲解，语音流畅(20分)			
5	合计(100分)			

任务总结

遇到问题，解决方法，心得体会：

扫码打开任务书

任务练习　绿色建筑、智能建筑等级评估申报流程

一、工程建设项目

(一)项目与工程项目、建设工程项目

(1)基本建设是现代化大生产，工程项目从计划建设到建成投产，要经过多个阶段和环节，有其客观规律性。这种规律性与基本建设自身所具有的技术经济特点有着密切的关系。

作为工程建设专业的技术人员，熟悉和了解这些流程与规律，具备建设工程基本知识，有利于保证项目决策的正确性，提高基本建设的投资效果，顺利实现建设目标。按照工程项目建设程序，相应各阶段任务划分如图1-2所示。

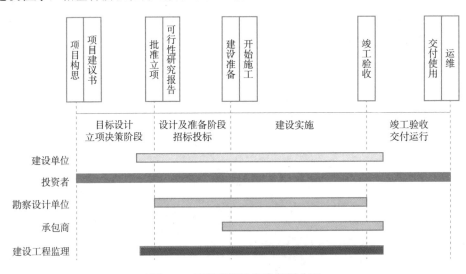

图1-2　智能建筑建设阶段划分图

(2)项目是一个广义的范畴，从开始到终结是渐进地发展和演变的，是可划分为若干个阶段的，这些便构成了它的整个生命期。在社会经济活动中，针对不同的场合，投资项目有不同的含义，如生产经营领域的企业经营战略规划项目、流通领域的销售网络建设项目、建设领域的工程建设项目、科研领域的研究与开发项目及军事项目等类型。

狭义的项目是指既有投资行为又有建设行为的工程建设项目。针对其管理，可分为新建项目、扩建项目、改建项目、迁建项目、恢复项目。

(二)建筑智能化系统工程

"建筑智能化系统工程"是基于智能化技术与建筑技术的融合，主要为用户提供一个高效、舒适、便利的人性化建筑环境，具体体现在：环境宜居的智能环境；低碳环保的能源效益；适变性与多样性的环境功能需求；便捷可靠的通信服务；高效的智能运维管理。

按照建筑智能化工程要求，涉及内容主要有通信网络系统、办公自动化系统、建筑设备管理系统、火灾报警系统、安全防范系统、综合布线系统、智能化集成系统、电源与接

地、环境、住宅(小区)智能化系统、建筑节能及可再生能源设施的自动控制。

建筑智能化系统工程涉及多个专业,新技术较多,技术含量高,同时,建筑规模较大,管理内容较复杂。

二、建筑智能化工程建设程序

(一)建筑智能化系统工程建设步骤

随着信息时代的发展,物联网技术与智能家居、楼宇自动化控制与建筑节能、低碳环保与智慧运维,这些新技术越来越多地应用在智能化工程中,其建设工程涉及多个专业领域,是一个综合的系统集成工程。其建设程序主要包括立项决策阶段、设计及准备阶段、实施阶段和竣工验收交付、运维管理阶段。

建设单位对智能化系统工程提出要求,通过专项咨询和可行性研究,对系统设计和设备选型,进一步提出需求;招标投标中对系统集成商的深化设计,具有指导、协调和监督,并且参与系统试运行和验收的权利。

系统集成商必须根据工程设计单位提供的资料、图纸进行有关专业系统的深化设计。系统深化设计必须在与设计方案协调统一的条件下进行优化设计、系统调试,在系统运行之后对物业管理人员提供培训、技术支持和维护服务。

建筑智能化系统工程各个阶段工作要点如下。

1. 建筑项目立项阶段

建筑项目立项申报时,项目建设法人(业主)应在立项报告中的方案说明、项目论证、可行性报告中,说明拟建项目中智能化系统的内容及拟达到的功能与标准,同时说明投资、能耗及解决的措施。立项报告经有关部门批准后,方可委托设计。建筑智能化系统的要求将作为项目任务下达。

2. 建筑项目设计阶段

建筑智能化系统工程的设计方案应纳入整个建筑工程初步设计审批的范围。针对建筑项目类别,完成 BA 系统、安防、消防系统的设计。设计方案报批前,建设单位应委托相关专业部门对设计方案进行技术评审。建筑智能化系统的深化设计应具有开放结构、协议和接口都应标准化和模块化,可按照招标文件了解和设计建筑的基本要求情况。

3. 建设项目实施阶段

建筑智能化系统工程开工前,建设单位应就智能化系统的施工向当地建设工程质量监督总站报备并接受监督检查。发包单位应当将智能化系统工程发包给有专项资质的从业单位,由工程承包方负责工程施工图纸深化设计,设备、材料供应和运输、管线施工、设备的安装及检测,系统调试开通及通过有关管理部门的验收,直至交付使用,由工程承包方负责。

4. 建设项目竣工阶段

建设单位申请智能化系统竣工核验时,应向当地市质监总站提交经当地认定的检测机构出具的各智能化系统的检测报告。竣工验收报备业主应提交下列文件资料:

(1)智能化系统工程建设的综合报告;

(2)智能化系统工程的技术报告及设计文件;

(3)智能化系统调试运行报告及有关检测机构的检测报告;

（4）各智能化系统的承发包合同及有关协议；

（5）智能化系统设计评审报告；

（6）智能化系统的竣工报告、竣工图；

（7）提供智能化子系统的验收文件及设备性能、规格说明和操作手册；

（8）智能化系统运行管理制度等。

(二)建筑智能化系统工程申报流程

报建是工程项目纳入建设实施管理的第一个环节。建设单位在建设工程立项文件批准后、建设工程发包前，应当持有批准文件，按规定审批权限向当地建管办或建设工程所在地的区、县住房城乡建设管理部门办理建设工程报建手续。当地建管办组织实施对工程项目报建、工程项目的勘察、设计、监理、施工、承发包活动，施工图设计审查，工程安全质量监督申报和竣工验收备案，以及工程所用的建筑材料依法进行管理。

工程项目建设遵循的原则：先计划后建设，先勘察后设计，先设计后施工，先验收后使用。项目管理关注工程全生命周期。

建筑智能化系统工程拥有通信网络、办公自动化、建筑设备自动化等系统，因此，除必须遵循有关建设法规、标准外，还需申请报备通信、广电、公安、环保等部门，并应遵循其行业的相应标准。

1. 项目建议书制度

项目建议书、可行性研究报告都是建设项目投资决策阶段的关键性文件，其基本内容如图 1-3 所示。

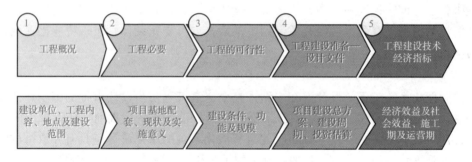

图 1-3　项目建议书的基本内容框图

2. 编制项目的工程可行性研究报告和设计文件

由实施单位委托有资格的编制单位编制项目的工程可行性报告和设计文本等技术性文件，并组织专家评审（市、区住宅局、监理单位参加），报市局审批。

3. 项目计划立项

市政设施项目在初步或扩初设计批复后，即可申请"市政设施建设项目计划"，填写"新建项目市政设施建设项目计划申请表"，并附有关资料，如建议书批复、设计文本等。

4. 办理各类手续，组织施工、安装、设备招标投标

施工阶段由区局按月填报"市政公用设施建设工程进度报表"；工程竣工后由建设单位组织验收、移交，市住宅局组织对工程进行决算审计。

(三)建设项目电信申请

为了规范电信市场秩序，促进电信业的安全健康发展，国家和有关部门先后制定多种法律、法规，明确国家对电信业务经营按照电信业务分类，实行许可制度。

基础电信建设项目应当纳入地方各级人民政府城市建设总体规划和村镇、集镇建设总体规划；电信设施单位应当接受行业主管部门的统筹规划和管理，纳入建设项目的设计文件，随建设项目同时施工与验收，所需经费纳入建设项目概算。依据电信业务申报流程，建设项目信息化主要完成工作如下。

1. 前期规划阶段

根据建设项目特点，由建设单位根据需求量向有关部门提出通信配套征询报告，电信部门作出通信配套征询答复书。

2. 扩初设计阶段

根据不同的商业、办公楼和住宅项目，分别向电信大客户服务中心和电信住宅配套提出申请。

3. 项目实施阶段

经电信部门核验后，与业主签订合同。

4. 电信配套验收阶段

一般项目由电信部门实施电信配套的设计、施工及验收工作；住宅项目则由业主提出通信配套验收合格证明申请，由电信部门在新建住宅交付使用，配套建设验收合格证明加盖住宅配套竣工章。

(四)绿色建筑、智能建筑等级评估申报流程

1. 绿色建筑认证

依据《智能建筑设计标准》(GB 50314—2015)总则，智能建筑工程设计应以建设绿色建筑为目标，做到功能实用、技术适时、安全高效、运营规范和经济合理。因此，智能建筑也要进行绿色建筑认证。目前开展绿色建筑认证所依据的技术、管理文件，主要是《绿色建筑评价标准》(GB/T 50378—2019)、《绿色建筑标识管理办法》等。

现今国内已有专门的咨询机构进行绿色建筑认证，如中国建筑科学研究院环境测控优化研究中心、上海市建筑科学研究院有限公司等。绿色建筑的认证是针对绿色建筑运行使用阶段，进行信息性标识的一种评价活动。

2. 智能建筑等级评估

智能建筑等级评估主要依照国家、行业及当地验收标准和评估细则规定执行，由邮电、广电、消防、安保、技术监督等部门监督执行。

评估工作应由建设方将参与智能化系统工程建设的设计、施工及集成单位名单备案，项目建成投入运行后，由相关部门联合组织智能化系统工程的评估及验收。

一、项目建议书、可行性研究报告

建议书及可行性研究报告都是建设项目前期投资决策阶段所形成的成果。

项目建议书（Project Proposal）是由项目投资方向其主管部门上报的文件，主要从宏观及经济效益和社会效益进行项目投资设想分析，形成的项目建议书经有关部门批准，就标志着建设项目的确立，俗称立项。

项目建议书和可行性研究报告是智能化系统工程建设前期的重要文件。项目建议书主要针对建筑物功能，分析业主对智能化系统的需求，确立项目目标；可行性研究报告是对项目的技术性及经济性论证，包含各功能子系统设备及集成商选择，为项目的批准提供性价比，是项目的决策提供重要依据。

案例1：医疗建筑智能化系统规划建议

本案例首先考虑其服务的对象不同，应着重强调为病人服务的思想，除具备一般智能化系统的功能外，还要增加病房的安全应急设计，供氧和吸引设备的监控，ICU 的温控措施，病房区安保系统与消防系统的安全疏散；同时，设置人性化的专用于医院病人的收费等服务查询系统。医院楼宇智能化结构规划如图 1-4 所示。

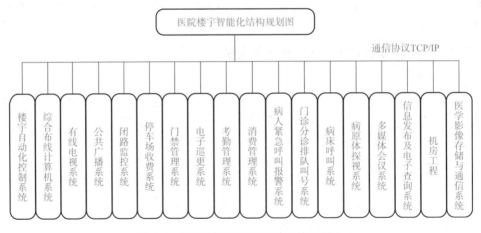

图 1-4　医院楼宇智能化系统结构规划图

案例2：公交站工程智能化系统建设的可行性研究报告

公交首末站工程的建设，虽然站点规模不大，但实施意义重大，具有地区性经济效益和社会效益。在项目策划过程中，针对下面几点深入分析：首先论证该项目背景、现状及实施意义，是否符合国家宏观经济政策、产业政策和产品的结构、生产力布局的要求；同时关注地区规划、自然资源等宏观的信息，利用国家推进的绿色出行，低碳环保政策，申请政府专项扶持资金，为工程的按期建设提供了资金保证。另外，通过市场预测，利用静态分析指标进行经济分析，研究项目产出物的市场前景，对项目的评价作出合理的判断。

本项目智能化系统设计包含计算机网络及通信程控电话交换系统、综合布线系统（PDS）、公交车信息采集登录调度智能化管理系统、日常及应急广播系统（PAS）、调度 LED

信息发布系统、视频监控系统、周界报警系统，与城市智能交通融合，完成智能化系统的实施。目前，智能网络覆盖公共交通，公交首末站工程不再是信息孤岛，拥有城市公共交通智能调度、公交行业监管、乘客出行信息服务三大应用平台，完成公交站智能化系统。

二、智能化系统规划及 BIM 服务

1. 智能化系统规划

2019 年，国务院发布《国务院办公厅关于全面开展工程建设项目审批制度改革的实施意见》，明确提出要统一信息数据平台；地方工程建设项目审批管理系统要具备"多规合一"业务协同、在线并联审批、统计分析、监督管理等功能，在"一张蓝图"基础上开展审批。

BIM 技术既是建筑工程数据平台的体现，可实现工程项目全生命周期的信息化、数字化的管控，具有协同性、可视化、模拟性、优化性、节约成本、共建共享等优势，同时有助于项目的可行性研究精细化系统化分析。利用 BIM 技术进行智能化系统工程规划的流程图如图 1-5 所示。

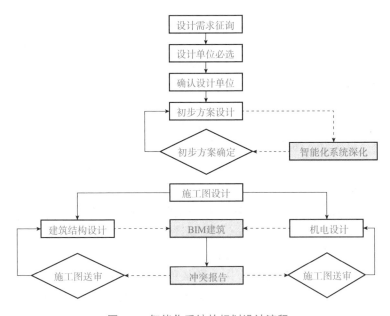

图 1-5 智能化系统的规划设计流程

案例 3：智慧园区智能化系统规划

智慧园区是社区管理的一种新理念，"智慧社区"建设充分利用物联网、云计算、移动互联网等新一代信息技术的集成应用，为园区居民提供一个安全、舒适、便利的现代化、智慧化办公及生活环境。智慧园区规划设计主要包括社区安防、信息服务、计量收费、家居安防、家居信息服务、家居智能化控制等，同时关注园区物业综合管理系统和家居智能管理系统。

办公楼宇是智慧园区的主要建筑物，其智能化系统规划设计理念是智慧、绿色、节能、科技，确保安全、舒适和便捷的办公环境，将建筑物中分离的机电设备统一协调、资源共享，优化能耗管理与系统集成管理，达到低碳环保。

现今普遍从项目规划设计阶段就采取 BIM 技术，从模型内承载信息分析功能需求，实

现 BIM 技术的全生命周期应用,将建筑设施的内部信息结合 GIS 平面的多层级地理环境信息结合,继而整合为全面的城市规模信息模型,建立基于 CIM 的新型智慧城市,如图 1-6 所示。

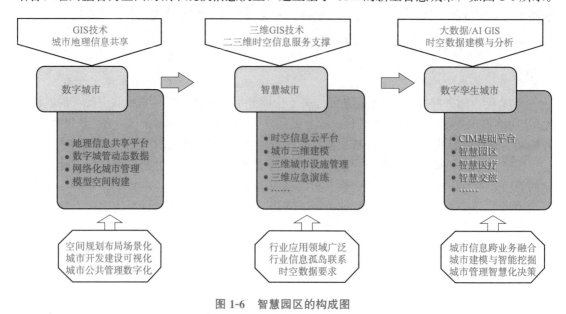

图 1-6　智慧园区的构成图

2. BIM 服务(work)

BIM 技术服务主要是利用 BIM 平台,协调各参建方开展项目建设工作,实现提高设计质量、减少工程变更次数、缩短建设工期和节省工程投资等目标,并为项目运营维护、验收、审计、技术改造等过程提供数字信息化技术支撑,实现"工程的信息化规划、参数化设计、标准化建设、精细化管理和智慧化运维"的目标。

目前 BIM 应用呈现"BIM+"的趋势,基本取代单纯建模的方式,更多的是将 BIM 技术与其他专业技术,如信息化技术、智能化管理系统等集成应用,发挥更大的综合价值。在智能化工程中,"BIM+"应用包括五个方面:一是多阶段应用,即从聚焦设计阶段应用向施工阶段深化应用延伸;二是集成化应用,即从单业务应用向多业务集成应用转变;三是多角度应用,从单纯技术应用向与项目管理集成应用转化;四是协同化应用,即从单机应用向基于网络的多方协同应用转变;五是普及化应用,即从标志性项目应用向一般项目应用延伸。住房和城乡建设部印发的《城市信息模型(CIM)基础平台技术导则》,明确了 CIM 平台架构、BIM 数据格式等内容,让基于 BIM 和 GIS 结合的城市区域变成一个能够全面感知的容器与载体,将所有的物联网数据与城市空间关联,将智慧城市中的智能建筑、智能安防、电子一卡通等应用系统的数据汇聚在 CIM 中。同时,向智慧物业、智慧政务、智慧交通等应用系统提供数据及模拟场景汇集,实现对城市智慧化的管理,进而打造 CIM 城市管理大数据模型。

随着 BIM、GIS、CIM、物联网、云计算与人工智能等技术逐步成熟应用,为建筑智能化系统工程在全生命期内信息数据的传递、共享创造有利条件,进一步加快推动项目设计、生产、施工、运维全过程智能化、数字化的实施,使 BIM 技术为建筑智能化工程提供全过程的信息交互提供基础数据的支持与集成分析。明确智能化系统服务的楼宇,建立 BIM 信息化模型,确定工作内容和范围,工作管理体系、组织架构、岗位职责、软硬件配置、工作机制等原则性标准，并编制依据 BIM 的管理协调文件。

 课堂思考题

1. 建筑智能化工程的建设程序有哪些？为智能化服务有哪些信息化技术？
2. 建筑智能化工程的主要特点是什么？建筑智能化系统工程技术文件有哪些？
3. 建筑智能化系统工程如何申报备案？

 头脑风暴

结合"互联网＋"，你认为掌握建筑智能化工程管理需要具备哪些知识、能力、素质？请将讨论成果写下来。（可以以思维导图的形式展示）

例如：
核心能力：

职业素养：

任务二　建筑智能化系统配置标准

任务目标

通过工程项目发放，熟悉智能建筑的基本概念、功能，掌握建筑智能化的层次结构、组成及核心技术，能够理解智能化各子系统在建筑工程中的配置要求。

能力要求

理论要求：

1. 熟悉智能建筑的发展；

2. 掌握建筑智能化系统的构成；

3. 熟悉建筑智能化系统的核心技术。

技能要求：

1. 熟悉智能化系统的功能应用；

2. 具备智能化工程的基本识图能力；

3. 熟悉智能化技术在绿色建筑中的配置标准；

4. 通过分组交流，以 PPT 或电子文档的形式分享智能化系统设计成果。

思政要求：

回顾我国智能化的发展历程，培养学生的创新意识，树立远大理想，培养理论联系实际的工作作风，实现个人价值与社会价值的统一，树立职业责任感。

任务流程

1. 授课教师以典型案例讲解智能化系统的组成；

2. 发放智能化系统施工图，培养学生基本识图能力；

3. 针对发放的智能化工程案例，以《智能建筑设计标准》(GB 50314—2015)要求，完成智能化系统配置的相应内容讲解，说明智能化系统设计方案；

4. 学生模仿案例，按组讨论配置智能化系统方案并分享，教师对方案进行点评和打分，最终汇总各小组成绩；

5. 参考：4 课时；

6. 学习资源：

电气施工图
组成

智能建筑
环境控制

姓名：　　　　　　班级：　　　　　　学号：

小组名称		小组成员		
任务名称	建筑智能化系统配置需求调研表		成绩	
任务目的	1. 增强学生智能化系统识图能力； 2. 促进学生对智能化技术的热爱； 3. 培养学生科研创新能力； 4. 熟悉智能化系统工程住宅建筑配置设计内容			
任务说明	1. 建议 3 人一组开展住宅建筑智能化系统的调研； 2. 自由选择调研对象，建议选择近几年国家建设项目； 3. 按照参考工程智能化设计内容，说明智能化系统的配置； 4. 下面是参考工程案例，也可自选			
工程项目 介绍	本工程为商业综合体及居住项目，总建筑面积为 169 104 m²，居住户数为 1 200 户，容积率为 1.99。主要建筑由 16 栋高层住宅（一类高层）、商业配套建筑及地下车库组成。 问题 1：依据图纸目录，说明该项目的建筑智能化系统的组成。			

设计号 JOB NO

专业 DISCIPLINE 　弱 电

填表人 STATUS

专业负责人 DISCIPLINE RESPONSIBLE

图纸目录 DRAWINGS DIRECTORY	建设单位 CLIENT	上海风电置业有限公司	日期 DATE		
	项目/子项名称 PROJECT/SUB-PROJECT	1地块	共 1 页	第 1 页	

序号 NO	图别图号 DRAWING TYPE&NO	图纸名称 DRAWING TITLE	图纸尺寸 DRAWING SIZE	采用标准图或重复使用图		备注 MEMO
				图集编号或工程编号 COLLECTION NO. OR PROJECT NO.	图别图号 DRAWING TYPE&NO.	
1	弱电施-01	弱电设计说明	A1			
2	弱电施-02	主要设备材料表及图例	A1			
3	弱电施-03	综合布线系统图	A1			
4	弱电施-04	安全防范监控系统图	A1			
5	弱电施-05	车库管理系统示意图	A1			
6	弱电施-06	建筑设备监控系统框图	A1			
7	弱电施-07	弱电进线室平面布置图	A1			
8	弱电施-08	地下二层综合布线系统平面图	A0			
9	弱电施-09	地下一层综合布线系统平面图	A0			
10	弱电施-10	地下二层安全防范系统平面图	A0			
11	弱电施-11	地下一层安全防范系统平面图	A0			

	问题2：按照应、宜、可的配置形式，规划本区域建筑智能化系统配置表（表格可增加）。注：●—应配置；⊙—宜配置；○—可配置。			
工程项目介绍	智能化系统	商铺	住宅	停车库
	智能化系统集成			
	综合布线系统			
	内部无线对讲系统			
	综合无线覆盖系统			
	有线电视系统			
	楼宇设备控制系统			
	闭路电视监视系统			
	巡更系统			
	门禁系统			
	访客管理系统			
	紧急报警系统			
	火灾自动报警系统			
	背景音乐广播系统			
	紧急事故广播系统			
	信息发布和查询系统			
	停车库管理系统			
	一卡通系统			

	序号	评价项目及标准	小组自评	小组互评	教师评分
	1	完成智能化系统设计配置表（40分）			
	2	PPT讲解（40分）			
	3	工作态度、沟通良好（10分）			
	4	安全文明操作（10分）			
	5	合计（100分）			

任务总结

遇到问题，解决方法，心得体会：

扫码打开任务书

任务练习　建筑智能化系统配置需求调研表

(一)电气施工图组成

电气工程之弱电系统图如图1-7所示。

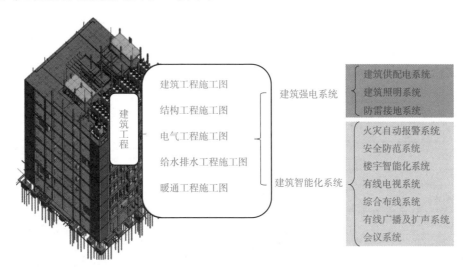

图1-7　电气工程之弱电系统图

(二)建筑智能化工程图

建筑智能化系统是建筑电气的重要组成部分，通称弱电系统。针对弱电工程图纸，应首先阅读说明，了解建筑物的基本情况及弱电设置背景；然后阅读弱电系统图，例如图1-8、图1-9所示，了解整个系统的基本组成，理解相互关系；通过识别常用弱电图例符号(表1-1)，识读电气平面图应"循线而读"，从源(电源、信号源)→中间环节(干线、支线、配线设施)→末端设备，循电线(电源、信息)的路径"线路"阅读。

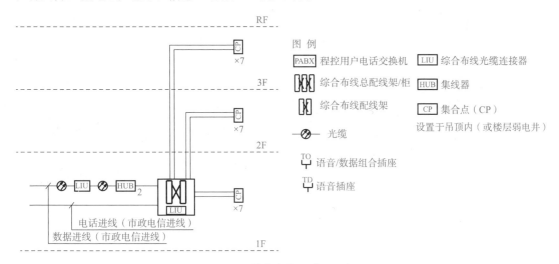

图1-8　综合布线系统图示例

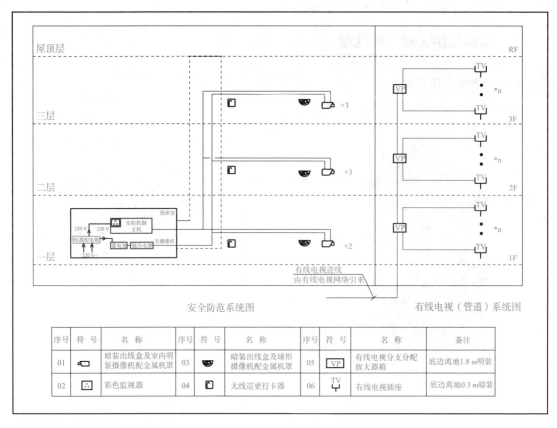

图 1-9 安全防范系统、有线电视系统图

表 1-1 常用弱电图例符号

序号	符号	名 称	序号	符号	名 称	序号	符号	名 称	备注
01		暗装出线盒及室内明装摄像机配金属机罩	03		暗装出线盒及球形摄像机配金属机罩	05	VP	有线电视分支分配放大器箱	底边离地1.8 m明装
02		彩色监视器	04		无线巡更打卡器	06	TV	有线电视插座	底边离地0.3 m暗装

表 1-1 常用弱电图例符号

序号	图例符号	名称(备注)
1	PABX	
2		
3		
4		
5	LIU	
6	HUB	
7	CP	
8	VP	

序号	图例符号	名称(备注)
9	⌐TO⌐	
10	⌐TV⌐	
11	⌐TD⌐	
12		
13		
14		
15		
16		

识图要点：通过 BIM 机电模型(图 1-10)，综合管线相互对照、综合看图，关注建筑设备及其线路与给水排水、暖通等专业的管道碰撞检测和建筑结构空间的冲突，从而优化完善系统设计，合理布置机电综合管线。

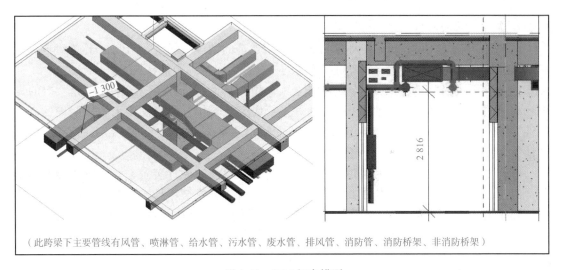

（此跨梁下主要管线有风管、喷淋管、给水管、污水管、废水管、排风管、消防管、消防桥架、非消防桥架）

图 1-10 BIM 机电模型

 课堂思考题

1. 按照上面系统图，总结该项目智能化系统的内容。

2. 认知智能化系统设备图例符号及安装方式。

一、智能建筑的兴起

20 世纪 90 年代，随着改革开放，智能化建筑逐步在大中型城市快速发展，如上海、北京、广州、深圳等地相继建成了具有相当水平的智能建筑。近年来，我国生态文明建设快速发展，健康建筑、智能建筑、装配式建筑等高新理念与技术不断涌现，国家颁布的《智能建筑设计标准》(GB 50314—2015)、《健康建筑评价标准》(T/ASC 02—2016)、《装配式建筑评价标准》(GB/T 51129—2017)、《绿色建筑评价标准》(GB/T 50378—2019)等国家级设计评价标准，推动了建筑智能化系统的发展。

智能建筑是在建筑物内应用信息技术，将传统建筑技术和现代高科技相结合的一种新型建筑。它能够利用计算机技术对建筑物内的设备进行自动控制、对信息资源进行管理和对用户提供高效优质的服务，使人们在其主要的活动场所满足更多的需求，如信息交换、安全性、舒适性、便利性和节能等诸多方面。目前，智能化系统已经覆盖人们生活、工作的各种建筑，如智能家居、智慧医院、购物中心智能化、行政服务中心智能化、办公楼智能化、智慧校园、酒店智能化、智慧城市、智慧环保应急方案、智慧交通、智慧旅游、智慧农业、智慧展厅、智慧工厂等项目。我国已将智能建筑技术开发应用列入"中国 21 世纪议程优先项目计划"。

二、建筑智能化系统的发展

1. 智能建筑的发展

以 1984 年美国 Connecticut 州的 Hartford 市建造的城市广场(City Place)作为世界公认的第一栋智能建筑。据统计现今新建和改建的办公楼大多数为智能建筑。

1986 年，由国家原计委与科委共同立项，由中国科学院计算技术研究所承担的课题——《智能化办公大楼可行性研究》立项并进行研究。同年，北京发展大厦以明确的高智能性大楼为设计目标，于 1989 年建成并投入使用。这座位于北京东三环路上的 20 层建筑被认为是我国第一栋有明确设计定位的智能大楼。

广东国际大厦配备了以计算机为核心的现代化多功能的硬件装备，是一座集金融、信贷、信托、商业和旅游为一体的多功能、智慧型的超高层建筑，具备"智能"的特点。北京中化大厦建立了我国第一个企业级 ATM 智能局域网。随后在北京、上海、广州、深圳、海口、大连等城市相继建成一些智能建筑。智能建筑如雨后春笋般出现在中国大地上。

2. 智能化的延伸

随着智能化系统的延伸，智能化系统已向酒店、商场、住宅等建筑领域扩展，已从单一建造向成片开发发展，形成"智能广场""智能社区""智慧城市"。例如，智能家居可通过家庭控制器实现电子化和网络化，具有可视对讲开门锁、防盗和防火安全报警、家庭能源信息管理、家电设备的集控和遥控等功能，还可以与小区物业管理中心联网。国内第一个建成由计算机风格覆盖的住宅小区是江苏无锡蠡湖泰德新城，它在实现住宅园林化的同时，还实现了住宅智能化。随后深圳的中央花园，上海的阳光名邸、秋月枫舍、香榭丽花园、三湘花园等都具有较好的智能化系统。

智能化还体现在建筑材料、建筑结构等方面，如自修复混凝土、带光导纤维的混凝土具有抗震、抗风的建筑结构，与生态环境相配合的智能化产品。

由此可以看出，智能化系统是信息技术、信息化设备及安装与建筑环境的最佳结合，智能建筑是信息技术的"落脚点"，也成为信息社会人们工作、生活、学习的主要场所。

"十三五"时期，在"互联网""大数据"等国家重大战略的实施带动下，智慧城市作为新型城镇化和信息化的最佳结合，将会有力推动我国城镇建设中的智能化工程的应用扩大，提高新建建筑智能化工程应用率。根据前瞻产业研究院，中国建筑智能化工程行业市场前瞻与投资规划分析报告数据显示，2018 年，中国建筑智能化工程行业市场规模达到约 9 000 亿元，2019 年超过 9 650 亿元，预测至 2023 年突破 12 000 亿元。

随着智慧城市的提出，智能建筑、绿色建筑越来越被人所关注。零碳建筑、健康节能建筑成为人们越来越迫切追求的目标，楼宇自控科技为降低供暖、空调、照明等年均电耗提供有力的技术支持。

三、智能建筑定义与分级标准

1. 我国智能建筑的定义

2000 版《智能建筑设计标准》从 2000 年 10 月 1 日起实施。该标准是这样阐述智能建筑的："它是以建筑为平台，兼备建筑设备、办公自动化及通信网络系统，集结构、系统、服务、管理及它们之间的优化组合，向人们提供一个安全、高效、舒适、便利的建筑环境。"2006 版的《智能建筑设计标准》对公共安全系统和健康的建筑环境加大了关注度。2015 版的《智能建筑设计标准》进一步强调各类智能化信息的综合应用、使建筑具有思维能力，能够感知、传输、记忆、推理、判断和决策的综合智慧能力，强调人与建筑环境和谐共生。

通过这 3 版规范的解读，国家从推荐性标准 GB/T 50314 调整到 2015 版的执行标准 GB 50314，进一步加大了智能化工程的建设力度，同时越来越强调建筑信息的综合应用、综合智慧能力及可持续发展能力。

2. 国外典型智能建筑的定义

美国智能建筑学会(American Intelligent Building Institute，AIBI)定义：通过对建筑物的 4 个基本要素，即结构、系统、服务和管理及它们之间的内在联系进行最优化设计，从而提供一个投资合理，具有高效、舒适、便利环境的建筑空间。

日本智能大楼研究会定义：具备信息通信、办公自动化信息服务及楼宇自动化各项功能的、满足进行智力活动需要的建筑物。由此可以看出，日本将重点放在住户本身的考虑。

欧洲智能建筑集团(The European Intelligent Building Group，EIBG)定义：创造一种可以使用户发挥最高效率的环境的建筑，同时又以最低的保养成本，最有效地管理本身资源。智能建筑科技应用与发展的三个阶段，即自动化技术应用阶段(1980—1985 年)、通信与自动化技术相结合应用阶段(1985—1995 年)、信息网络与系统集成应用阶段(1995 以后)。欧洲对智能建筑的定义更多地强调用户要求而不是技术。

新加坡政府公共设施署指出，智能建筑必须满足三个条件：一是具有保安、消防与环境控制等自动化控制系统，以及自动调节大厦内的温度、湿度、灯光等参数的各种设施，以创造舒适安全的环境；二是具有良好的通信网络设施使数据能在大厦内流通；三是能提供足够的对外通信设施和能力。

各国智能建筑的定义均强调信息化技术、智能控制技术与建筑环境的融合，提供安全舒适健康的环境及建筑设备能耗的监控。

3. 智能建筑分级标准

《智能建筑设计标准》(GB/T 50314—2000)是我国对智能建筑设计制定的第一部国家推荐性标准。它给出了智能建筑明确的定义和设计等级，具有积极指导作用。智能化系统应根据使用功能、管理要求和建设投资等划分为甲、乙、丙三级(住宅除外)，且各级标准均有可扩展性、开放性和灵活性。

(1)甲级标准：光缆传输，宜由两个不同的路由进入建筑物，200个插口的信息插座配置一个2 048 Kbit/s传输速率的一次群接口，收发基站，提供卫星电视节目，综合布线系统。

(2)乙级标准：光缆传输，宜由两个不同的路由进入建筑物，250个插口的信息插座配置一个2 048 Kbit/s传输速率的一次群接口，综合布线系统。

(3)丙级标准：光缆、铜缆传输，可从一个路由进入建筑物，300个插口的信息插座配置一个2 048 Kbit/s传输速率的一次群接口，综合布线系统。

《绿色建筑评价标准》(GB/T 50378)，从2006，2014，到2019第三版。

《综合布线工程设计规范》(GB 50311)，从2007第一版到2016第二版。

《住宅区和住宅建筑内光纤到户通信设施工程设计规范》(GB 50846—2012)，第一版。

这些规范的颁布标志着我国建筑智能化工程建设已步入规范、有序、健康的时期。随着智能化、数字化、信息化的进程，在广泛征求意见的基础上，住建部对《智能建筑设计标准》第三次修订，颁布2015版。2015版规范共分18章，从第5章到第17章针对民用建筑的种类，强调以建筑物的应用需求为依据，划分智能化系统配置需求，设置"●—应配置；⊙—宜配置；○—可配置"等，满足建筑对智能化系统的需求。通用办公建筑智能化系统配置内容见表1-2。第18章工业建筑的智能化系统实施，主要应用于监控和管理工业建筑的生产、办公、生活所需的各种能源，从安全、节能、环保入手，可降低生产成本。

表1-2　通用办公建筑智能化系统配置内容

智能化系统		普通办公建筑	商务办公建筑
信息化系统应用系统	公共服务系统	●	●
	智能卡应用系统	●	●
	物业管理系统	●	●
	信息设施运行管理系统	⊙	●
	信息安全系统	⊙	●
	通用业务系统　基本业务办公系统	按国家现有关标准进行配置	
	专业业务系统　专用办公系统		
智能化集成系统	智能化信息集成(平台)系统	⊙	●
	集成信息应用系统	⊙	●
信息设施系统	信息接入系统	●	●
	布线系统	●	●
	移动通信室内信号覆盖系统	●	●

注：●—应配置；⊙—宜配置；○—可配置。

一、建筑智能化系统的构成

《智能建筑设计标准》(GB 50314—2015)明确了智能化系统以建筑物为对象展开，强调智能化技术与建筑技术融合的"建筑智能化系统工程"。从功能上分，建筑智能化系统由通信网络系统、建筑设备管理系统和办公自动化系统三大部分组成。建筑智能化系统的组成如图 1-11 所示。

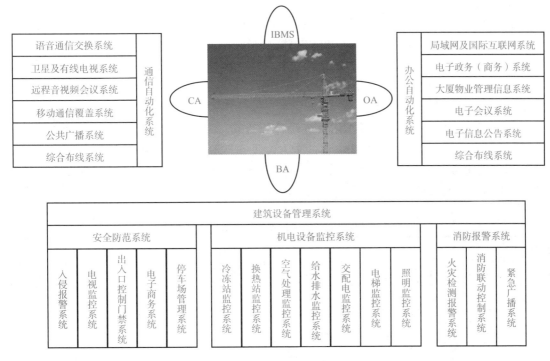

图 1-11　建筑智能化系统的组成

(1)通信网络系统(CAS)，保证楼内的语音、数据、图像传输的基础，同时与外部通信网(如公共电话网、数据通信网、计算机网络、卫星及广电网等)相连，与世界各地互通信息。信息通信技术的主要内容是多媒体化，宽带综合业务数字网传输、多媒体信息等，提供各类业务及其业务接口，通过建筑物内的综合布线及 CATV 同轴电缆引至各个用户终端。

(2)办公自动化系统(OAS)，应用计算机技术、通信技术、多媒体技术和行为科学等先进技术，为办公设备与办公人员提供办公目标的人机信息服务系统，能够优质而高效地处理办公事务和业务信息，实现对信息资源的高效利用，进而达到提高生产率、辅助决策的目的。其软件形式为系统软件、应用软件。

(3)建筑设备管理系统(BMS)，主要包括楼宇自动化系统(BAS)、消防自动化系统(FAS)、安防自动化系统(SAS)三个子系统。BMS 是采用计算机及网络技术、自动控制技术和通信技术组成高度自动化的管理系统，通过对建筑物内暖通空调、电力、照明、给水排水、电梯、停车库、消防、安防等建筑设备系统的监控和管理，确保建筑物内的舒适和安全的环境，同时实现节能和管理的要求。

（4）建筑智能化系统的集成(IBMS)，系统集成是指在一个大环境中，将各分离的系统通过计算机网络集成一个相互关联、统一协调的系统，实现信息、资源、任务的重组和共享，营造安全、舒适、高效、便利的环境。集成不是目的，也不是一套系统、设备、软件，而是一种思想、方法和技术手段。

（5）综合布线系统(GCS)，犹如智能化系统的一条信息高速公路，它是由光缆、铜缆构成的，将其延伸到每个基层单元，形成四通八达、畅通无阻的信息"交通网"，能够满足智能化系统的各种信号传输的需要，如文字、语音、图像、报警、监控等，以数字流的形式在"网"上快速传递。

在实际工程建设中，建筑形式多以综合体、多业态呈现，该类形式的项目应分别以单项功能建筑(或同一建筑物内的单项功能区域)的设计标准配置为基础，设计时均按建筑电气设计标准体系编制分类，建筑智能化系统往往称为弱电系统，施工图目录单独编制，其系统通常包括通信网络、办公自动化、建筑设备监控、火灾报警及消防联动、安全防范、综合布线、智能化集成和住宅(小区)智能化系统等子分部工程。

表1-3为商业综合体项目智能化系统设计配置表。该项目建成后将成为集商务办公、购物、餐饮、娱乐、居住多功能于一体的全方位服务业态广场。本项目设置有通信总机房、安保、BA监控机房与消防控制(总)中心在同一区域，同时提供固定电话、宽带接入、专线接入、无线网络及移动通信等公共电信服务的弱电进线室。

表1-3　商业综合体项目智能化系统设计配置表

系统	商业	办公楼	住宅	停车库
智能化系统集成	*	*		*
综合布线系统	*	*		*
内部无线对讲系统	*	*	*	*
综合无线覆盖系统	*	*	*	*
有线电视系统	IPTV	IPTV	*	—
楼宇设备控制系统	*	*	*	*
闭路电视监视系统	*	*	*	*
巡更系统	*	*		*
门禁系统	*	*		—
访客管理系统	*	*	*	—
紧急报警系统	*	*		*
火灾自动报警系统	*	*	*	*
背景音乐广播系统	*	*		—
紧急事故广播系统	*	*	*	*
信息发布和查询系统	*	*		—

系统	商业	办公楼	住宅	停车库
停车库管理系统	—	—	＊	＊
一卡通管理系统	＊	＊	＊	＊

二、智能化系统的功能应用

智能化系统工程是以建筑物的需求建立工程架构，对智能化系统工程的设施、业务及管理等应用功能作层次化结构规划。如上层智能建筑综合管理系统(IBMS)、下层建筑设备管理系统(BMS)、通信网络系统(CNS)、办公自动化系统(OAS)。BMS、CNS、OAS三个子系统通过综合布线系统(GCS)连接成一个完整的智能化系统，由IBMS统一监管。建筑智能化各系统的功能主要体现在以下几个方面：

(1)系统集成中心是将智能建筑中从属于不同子系统与技术领域的所有分离的设备、功能与信息有机地结合成为一个实现信息汇集、功能优化、综合管理、资源共享的相互关联、统一协调的整体。

(2)综合布线是一个用于传输语音、数据、影像和其他信息的标准结构化布线系统，是建筑物或建筑群内的传输网络，它使语音和数据通信设备、交换设备及其他信息管理系统彼此连接，是智能建筑连接各系统各类信息必备的基础设施。

(3)建筑设备自动化系统是以中央计算机为核心，对建筑物或建筑群的电力、照明、给水排水、防火、保安、车库管理等设备或系统进行监控和管理，构成综合系统。

(4)通信网络系统是楼内语音、数据、图像传输的基础，同时与外部通信网络相连，确保信息畅通。

(5)办公自动化系统是应用计算机技术、通信技术、多媒体技术和行为科学等先进技术，借助各种办公设备与办公人员构成服务于某种办公目标的信息系统。其目的是尽可能利用先进的信息处理设备，提高工作效率，实现办公自动化。

建筑智能化系统工程各子系统功能应用表见表1-4。

表1-4　建筑智能化系统工程各子系统功能应用表

子系统	功能应用
信息化应用系统 (Information Application System)	信息化应用系统包括公共服务、智能卡应用、物业管理、信息设施运行管理、信息安全管理、通用业务和专业业务等信息化应用系统
智能化集成系统 (Intelligent Integration System)	智能化集成系统包括智能化信息集成(平台)系统与集成信息应用系统；宜顺应物联网、云计算、大数据、智慧城市等信息交互多元化和新应用的发展
建筑设备管理系统(BMS)	建筑设备管理系统包括建筑设备监控系统、建筑能效监管系统及需纳入管理的其他业务设施系统等
信息设施系统 (Information Facility System)	信息服务设施应为应用信息服务设施的信息应用支撑设施部分，其分项包括语音应用支撑设施、数据应用支撑设施、多媒体应用支撑设施等
公共安全系统 (Public Security System)	公共安全系统应具有与建筑设备管理系统互联的信息通信接口；采取多种通信方式对自然灾害、重大安全事故、公共卫生事件和社会安全事件实现就地报警和异地报警

一、建筑智能化系统的核心技术

从技术角度，智能化系统以"3C"技术支撑，即现代计算机技术（Computer）、现代通信技术（Communication）和现代控制技术（Control）。同时，现代控制技术是以计算机技术、信息传感技术和人工智能技术为基础；现代通信技术也是基于计算机技术发展起来的，所以，"3C"技术又可分为数字化系统和智能化系统，如图1-12所示。

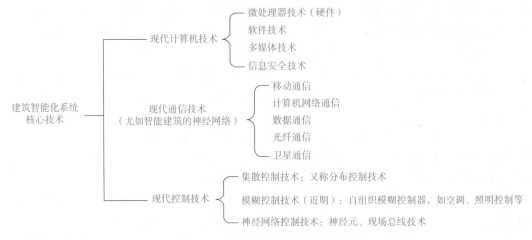

图1-12　建筑智能化系统核心技术

信息技术和自动化控制技术是智能化系统改善建筑环境，提高建筑物服务能力、实现建筑设备众多功能的主要技术。其应用有以下系统：建筑设备自控系统能够全面监控整栋建筑内的设备和环境，通过集中监测和遥控中央空调、排水、供电、照明、电梯等系统，提高建筑管理水平，降低设备故障率，减少运营维护成本。智能照明系统结合传感器技术，可以实现人体感应控制、光线感应控制等。智能照明控制系统，可减少能耗，使照明效率达到最大化，实现绿色节能建筑。新风系统是智能建筑不可缺少的智能元素，是独立的空气处理系统。能将室外新鲜空气过滤净化后送到室内，把室内浑浊的气体排到室外，实现室内空气的通风置换，即使在雾霾肆虐的冬季，也可以保持环境洁净度。智能家居可以按照人的需求实现室内空调、照明、窗帘等各个电气设备的联动，满足个性化需求，启动多种情境模式，在最大程度地满足人们舒适、便利的需求的基础上，实现环保节能。

近年来，物联网技术为智慧城市实现万物互联；云计算技术为智慧城市实现城市各行各业的智慧决策；人工智能技术为智慧城市实现生产力解放；而5G技术为智慧城市提供连接"信号"；物联网技术、云计算技术、人工智能技术及5G技术运用现代信息技术推动城市运行系统的互联、高效和智能，从而为城市人创造更加美好的生活，使城市发展更加和谐、更具活力。

二、建筑智能化技术与绿色建筑

《智能建筑设计标准》（GB 50314—2015）"总则"提出以节约资源、保护环境为主题的绿色建筑是智能化工程建设的基本导向，智能建筑建设应围绕这一目标。绿色建筑首先强调节约能源，不污染环境，保持生态平衡，体现可持续发展的战略思想，最大限度地实现人与自然和谐共生的高质量建筑，其目的是保障节地、节能、节水、节材与环境保护，建立绿色屏障。利用建筑智能化技术与绿色建筑有机结合，将建筑环境照明、空调、给水排水等系统进行能耗管理，对建筑设备管理系统采取自动监控管理功能，对太阳能、热泵等可再生能源系统开发利用，可大大提高绿色建筑的性能。

1. 建筑智能环境条件要求

建筑智能化系统提供的环境应是一种优越的生活环境和高效率安全性的工作环境，按办公出租写字楼考虑，大致可分为3个方面：建筑环境——开放的建筑空间、综合布线方式、色彩合理组合、降低噪声等；空调环境——温度、湿度、风速等；照明环境——照度标准、装饰照明等。

智能化系统需要使用计算机、网络通信设备及其他自动化设备，需要与电气、机械、环境工程等各专业人员一起密切配合，协调建筑格局、空间设计、结构强度、墙体材料、管线走向等，相互协作共同完成高品质的智能大厦。例如，建筑层高为 4.0 m 左右，室内净高不应低于 2.7 m，梁底预留 0.6 m 左右的管道空间，可采用大空间模块化布局；架空地板(Raised Floor)内的地面线槽也是一种敷设方式。大型楼宇强电竖井和弱电竖井宜分开设置。一般情况下，每层建筑面积达到 1 000 m² 时需要设置 10 m² 左右的强电间和弱电间。从弱电间到各个终端的水平支干线和分支线，可采用吊顶内沿桥架敷设或地板线槽敷设、电线管配线等敷设方式，垂直方向的配线大多通过电气管井敷设线路。

建筑智能环境照明系统除满足空间照明外，还有人们生理和心理舒适与美感及保护视力的要求，如灯具布置应模数化，采用无眩光的灯具，照明控制灵活多变。

良好的空调环境是建筑智能环境控制的重要因素，在满足环境参数的条件下，空调控制系统应经济合理，灵活多变。例如，根据热辐射情况采用冷辐射吊顶和冷辐射梁的供冷方式，依据工位调整灵活改变下送风和桌面送风，还有全空气空调和变风量(VAV)空调及变冷量(VRV)空调节能效果，正逐步取代风机盘管空调方式；缺点是它无法适应空间分隔变化的要求。

《建筑节能与可再生能源利用通用规范》(GB 55015—2021)是住建部发布的强制性规范，也是我国第一部节能标准，对碳排放强度，可再生能源系统中太阳能利用、空气源热泵、地源热泵等提出了明确指标和要求；建筑设备智能化是缓解能源紧缺、降低建筑能耗的重要措施。图 1-13 所示为气流组织及温度场模拟图，便于了解不同的室内环境，定制新风系统，最大限度地节约能耗。

绿色建筑借助计算机模拟技术，可大大提高绿色建筑的设计手段。计算机模拟技术在绿色建筑节能能耗设计，防排烟设计，风、光、声、热、室内健康舒适设计，绿建运维中广泛应用，软件技术通过模拟，将抽象的物理、数学信息，通过直观的图像表示出来，从而满足绿色建筑全生命周期智能化管理。国内绿建分析软件主要有 PKPM 系列、绿建斯维尔系列、天正日照分析软件、众智日照分析软件等。通过扫描下面二维码查阅相关软件介绍。

2. 智能化技术与绿色建筑

建筑智能化环境需要采用信息技术和自动化设备实现(表1-5)。其基本内涵主要体现在以下两个方面：

(1)社会内涵：关注建筑智能化环境的综合节能和整体安全，共享绿色建筑智能化信息平台，强调绿色建筑的等级评估、系统集成及合理规划，包括建筑物整体规划设计和精细化管理的指导思想、体系结构模式、经营管理信念、价值观念、制度体系、行为规范等。

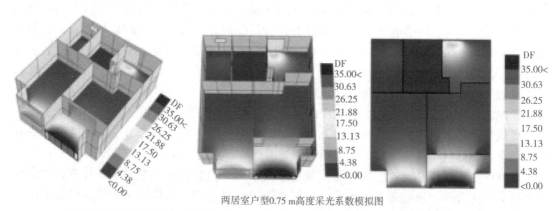

户型采光模拟分析

两居室户型0.75 m高度采光系数模拟图

对本户型两个朝南卧室进行了采光模拟分析，结果分别是西侧卧室的平均采光系数为5.03%，东侧卧室为2.62%；
《建筑采光设计标准》中要求，采光等级Ⅳ限值不小于2%，分析结果满足规范要求

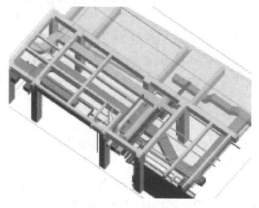

图1-13 气流组织及温度场模拟图

（2）技术内涵：主要是指绿色环保技术和建筑智能化技术。其中，绿色环保技术包括节能、节地、节水、节材、减排、环境保护，新能源开发利用及转变等。从用户服务角度，利用计算机技术、通信技术、控制技术、图像显示技术、综合布线技术、云计算服务，完成建筑内部和外部环境的自动调节能力，达到"智慧"状态，实现人与自然的和谐。

表 1-5 绿色建筑智能环境要求

环境	热	空气	声	视		电磁	
	热源能量	空气质量	室内噪声 室外噪声	室内照明 自然光线		电磁干扰 电磁辐射	
建筑空间	导入	通行和短暂停留		业务	决策	余暇	设备
建筑结构							

智能化系统工程与绿色建筑是一个有机的整体概念，这一概念应贯穿于建筑物的规划、设计、建筑、使用及维护的全过程，覆盖建筑物的整个生命周期。其内容包括绿色建材、建筑设施、智能化系统、智能化家居及小区管理系统、建筑和交通监控管理系统、建筑环保、管理和辅助决策系统。总之"智能与绿色建筑"不仅是遮风避雨、享受环境的场所，也不仅是与周围环境相隔绝的包厢，而是成为环境的一部分，与之共同构成和谐的有机系统。

绿色建筑评价指标体系有安全耐久、服务便捷、健康舒适、环境宜居、资源节约 5 类指标。其主要包括节能与能源利用、室内环境质量、节水、室外环境与可持续场址、节材、绿色施工和运营管理七大体系。通过这七大体系，绿色超高层建筑能比普通超高层建筑更节能，改善了室内空气品质，缓解室外交通，节约市政用水量，整个过程中低碳排放，真正达到绿色建筑。图 1-14 所示为智能化技术与绿色建筑。

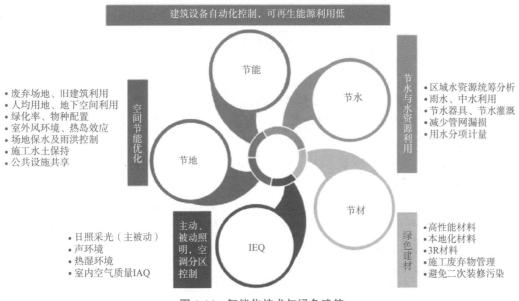

图 1-14 智能化技术与绿色建筑

《智能建筑设计标准》(GB 50314—2015)和现行行业标准《居住区智能化系统配置与技术要求》(CJ/T 174—2003)，与《绿色建筑评价标准》(GB/T 50378—2019)有关智能化系统的加分项相协调。例如，设计中需要关注以下条文：针对建筑物智能环境独立控制，同时通过信息化手段实现建筑设备管理系统的自动检测功能，建立智能化服务平台，空调制冷、供暖通风、给水排水、热力、柴油发电机系统、公共区域照明系统等均纳入 BAS 系统进行监控或监视。变配电所设置独立的变配电管理系统，预留与 BAS 系统联网的网关接口，能耗监控接入智慧城市 CIM，可获得绿色建筑总分值为 9 分的评价。

CIM技术通过支撑构建数字化虚拟城市实现对物理城市的映射、监管、分析和模拟，实现物理城市的全数字与空间化，将城市全要素信息资源在三维虚拟城市空间中进行融合，实现物理世界与数字虚拟世界的完全映射，构造出一个反映现实世界的数字空间。

 课堂思考题

一、简答题

1.《智能建筑设计标准》(GB 50314—2015)适用新建、改建和扩建智能化系统工程的设计吗？

2. 智能建筑工程设计是否应以建设绿色建筑为目标，做到功能实用、技术适时、安全高效、运营规范和经济合理？

3. 建筑智能化与建筑环境具有何种关系？

4. 绿色建筑软件有哪些？设计包括哪些内容？

二、选择题

1. 绿色建筑中节约资源是指（　　　）。

    A. 节能、节地、节水、节材

    B. 节能、节地、节水、节时

    C. 节能、省钱、节水、节材

    D. 节能、省事、节水、节材

2. 对新建、扩建与改建的住宅建筑或公共建筑的评价，在其投入使用（　　　）年后进行绿色建筑评价。

    A. 1   B. 2

    C. 3   D. 4

3. 下列技术中，属于节能与能源利用技术的是（　　　）。

    A. 已开发场地及废弃场地的利用

    B. 通风采光设计

    C. 高效能设备系统

    D. 照明节能设计

    E. 节水灌溉

4. 可再生能源利用技术中包括（　　　）。

    A. 太阳能光热系统

    B. 太阳能光电系统

    C. 地源热泵系统

    D. 节能型灯具与照明控制系统

    E. 带热回收装置的给水排水系统

5. 智能楼宇的3A指的是（　　　）。

    A. CAS；BAS；SAS   B. OAS；SAS；CAS

    C. CAS；BAS；OAS   D. SAS；OAS；BAS

三、判断题

弱电一般是指直流电路或音频、视频线路、网络线路、电话线路，直流电压一般在 24 V 以内。（　　　）

任务三　智能建筑 BIM 技术应用

任务目标

本任务需要掌握的内容包括 BIM 概念、BIM 的价值、BIM 技术在智能建筑全生命周期的数据信息可持续发展的管理。

能力要求

理论要求：

1. 掌握 BIM 概念；

2. 了解 BIM 的价值及智能建筑全生命周期的数据信息可持续发展的管理。

技能要求：

1. 熟悉 BIM 技术主要建模软件；

2. 完成智能化典型工程案例的调研，初步具备分析、归纳、整理资料的能力；

3. 通过分组交流与合作，以 PPT 的形式分享"BIM 技术推动现代智能建筑与发展趋势"的成果。

思政要求：

培养学生爱岗敬业、团结合作的精神；以我国高新技术在艰难的国际局势中自主创新、砥砺前行的发展历程激励学生。

任务流程

1. 通过实际工程案例的导入，使学生深入理解 BIM 技术在建筑智能化工程中的应用。

2. 学生分组利用 CAD/Revit 等建模软件，简单设计智能化系统。

3. 针对智能化工程典型案例调研，利用文献研究法、归纳方法、比较分析法等方法，书写 BIM 技术在智能化工程中的应用科技小论文。

4. 学生通过 PPT 及科技小论文展示，学生和教师对内容进行点评与打分，最终汇总小组及个人成绩。

5. 参考：2 课时。

6. 学习资源：

国内智能建筑
代表性工程

基于 BIM 技术的
智能化系统工程
调研报告

姓名：　　　　　　班级：　　　　　　学号：

小组名称		小组成员		
项目名称	基于 BIM 技术的智能化系统工程调研报告		成绩	
任务目的	1. 增强学生创新意识与对智能化技术的热爱； 2. 培养主动学习能力，充分利用课外时间线上＋线下方式广泛获取智能化系统工程技术相关知识； 3. 采用文献研究法、归纳方法、比较分析法等方法书写调研报告； 4. 掌握报告的书写方式，为社会实践提供调研及研究方法			
任务说明	1. 建议 3 人一组开展调研； 2. 自由选择调研对象，建议选择近几年国家建设项目； 3. 报告字数 2 000 字＋PPT(10 页左右)			
工程项目 介绍	本工程是商业、办公、居住为一体的建筑群(图 1-1)，智能化系统工程建设情况如下： 一、设计依据 1. 建筑概况：BIM 模型 2. 相关专业提供的设计资料： 　　2.1 建筑专业提供的作业图； 　　2.2 结构专业提供的梁板图； 　　2.3 供暖专业及电气专业提供的相关资料。 3. 建设单位提供的设计任务书及设计要求相关的技术咨询文件，有关职能部门认定的工程设计资料。 4. 本工程采用的主要规程规范： 　《民用建筑电气设计标准》(GB 51348—2019)； 　《建筑设计防火规范(2018 年版)》(GB 50016—2014)； 　《火灾自动报警系统设计规范》(GB 50116—2013)； 　《综合布线系统工程设计规范》(GB 50311—2016)； 　《住宅设计标准》； 　《民用闭路监视电视系统工程技术规范》(GB 50198—2011)； 　《安全防范工程技术标准》(GB 50348—2018)； 　《视频安防监控系统工程设计规范》(GB 50395—2007)； 　《入侵报警系统工程设计规范》(GB 50394—2007)； 　《出入口控制系统工程设计规范》(GB 50396—2007)； 　《建筑物防雷设计规范》(GB 50057—2010)； 　《建筑物电子信息系统防雷技术规范》(GB 50343—2012)； 　《公共建筑节能设计标准》(GB 50189—2015)； 　《绿色建筑评价标准》(GB/T 50378—2019)。 二、设计范围 1. 通信系统 2. 有线电视及卫星电视系统 3. 有线广播系统(包括背景音乐及应急广播) 4. 扩声及同声传译系统 5. 呼叫信号系统 6. 公共显示系统 7. 时钟系统			

工程项目介绍	8. 安全防范系统 9. 综合布线系统(电话、计算机，不涉及网络设备) 10. 建筑设备监控系统(BAS) 11. 汽车库管理系统 12. 智能化系统集成

序号	评价项目及标准	小组自评	小组互评	教师评分
1	完成智能化项目调研报告(40分)			
2	PPT讲解(40分)			
3	工作态度、沟通良好(10分)			
4	安全文明操作(10分)			
5	合计(100分)			

任务总结

建议从下面几个方面总结内容：

调研方法：

行业前景：

遇到问题：

解决方法：

团队配合：

心得体会：

一、大兴机场是形式与数理统一的智能建造

北京大兴国际机场（Beijing Daxing International Airport）（图 1-15）为 4F 级国际机场、世界级航空枢纽、国家发展新动力源。它的建造体现了数字化技术，将建筑设计、建造水平、结构设计水平及施工水平都带到了一个新的高度。2014 年 12 月，北京新机场项目开工建设；2019 年 9 月，北京大兴国际机场正式通航。该航站楼面积为 78 万 m²，设计高度为 50 m，航站楼项目按照节能环保理念，建成中国国内新的标志性建筑。设计时采取屋顶自然采光和自然通风设计，同时实施照明、空调分时控制，采用地热能源、绿色建材等绿色节能技术和现代信息技术。获得住房和城乡建设部全国绿色建筑创新奖一等奖及三星级绿色建筑设计认证、节能 3A 级建筑认证等奖项。

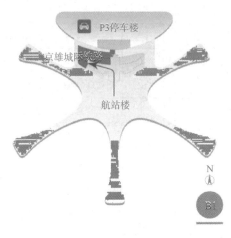

图 1-15　北京大兴国际机场模拟图

该项目数字化技术贯穿建筑设计的全过程，包括前期的策划、建筑设计、施工及最后的运维。在项目初始阶段，针对新机场项目特点，同时设置了 BIM 数字标准与 BIM 管理标准，确定了多平台协同工作，建立以适用性为导向的 BIM 技术框架，如图 1-16 所示。

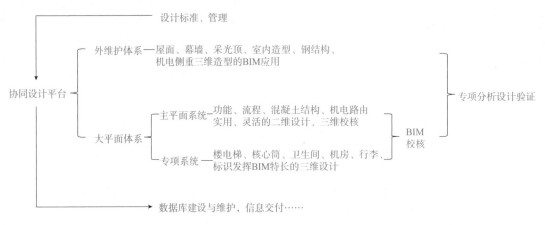

图 1-16　BIM 技术框架图

为了降低航站楼能耗，设计中采取计算机智能设计的遗传算法 BIAD，将一层轻薄的遮阳网片置于采光顶玻璃片的中空层中，在保障室内采光的同时可以最大程度遮挡南向直射光。遗传算法是人工智能领域的计算机技术，使透过采光顶获得约 60% 进光量的同时仅接收约 40% 的热能。在新机场的设计中，BIAD 使用计算机技术对建筑光环境、CFD、热工等物理环境进行分析模拟，使航站楼更安全、节能、高效。

国家十四五规划部署要发展数字经济，北京大兴国际机场是智能技术和数字技术应用的成功案例。

二、金茂大厦智能化系统

建筑面积约为 29 万 m^2，分三个功能区，办公区为 3~50 层，酒店区为 53~87 层，群房部分为 1~6 层。金茂大厦智能化系统设计原则：采用先进、成熟、实用的智能化系统集成技术，符合标准化、开放性的要求，具有可扩展性和灵活性。系统设计要做到功能实用、经济合理、安全可靠、施工维修方便、环保节能、以人为本。其包括通信、建筑物自动化、火灾报警、保安、结构化布线、卫星电视、广播、停车场管理、计算机网络、智能卡、物业管理。

本系统设计范围内的 5 个展厅、一层公共区域、二层会议区域及负一层商业、餐饮区域等采用统一的结构化布线系统。主干部分采用万兆光纤，接入线缆采用六类 UTP 网线，实现千兆到桌面。承载会展通信系统由二级网络构成，一级网络为金茂电话局，2 000 门；二级网络 PBX 办公区 900 门，酒店 4 500 门，裙房 500 门。办公区每 8 m^2 一门直线电话。结构化布线按照三个功能区分别配置。办公区每层 600 对 5 类线，每层主干用多模光缆 72 芯、单模光缆 24 芯；裙房部分每层 200 对 5 类线，每层主干用多模光缆 32 芯、单模光缆 12 芯；酒店区每间客房有模拟和数字电话，每层主干用多模光缆 6 芯、单模光缆 12 芯。建筑自动化系统采用美国 Honeywell 公司产品，有 108 个直接数字控制器(DDC)。酒店区每间客房设有数字温度控制器。建筑自动化系统对空调、给水排水、供热、配电等设备进行自动控制。

火灾报警系统采用瑞士 Alg Rex 分布智能型产品。有感烟探测器 5 432 个，温度探测器 1 346 个，楼层显示器 111 个。安装消防电话 595 部。电梯井道和空调风道安装空气采样探测器，中厅安装红外线对射探测器。保安监控系统有闭路电视、出入口控制系统、巡更系统、内部通信系统、无线对讲系统、智能卡。闭路电视设置 1 个监控中心，3 个分控制中心。出入口控制系统有 16 台计算机工作站，17 台智能数据采集器。巡更系统为 298 点。出入口控制门为 942 个。智能卡用于停车场管理、收费设备、身份识别、巡更、电梯管理等。卫星电视系统可收到 98 个节目频道。网络为 860 MHz 带宽，提供交互式电视服务。演示厅有 400 座，设同声传译系统和背投式视放系统。

金茂大厦总建筑面积近 30 万 m^2，每天水、电、天然气 3 种能源的消耗费用超过了 15 万元。该大厦运用智能化的节能设备，采用建筑设备管理系统的自动监控管理功能，百元收入能耗支出仅 5 元，比国际水平还低 3 元，节能效果显著。按照智能化系统要求，具备对环境的自动检测功能，例如，在大厦的地下停车场安装了监测一氧化碳浓度的设备，通过分析一氧化碳的浓度来识别进库车辆的多少，开启通风系统。

三、上海世茂深坑酒店——智慧酒店

上海世茂深坑酒店位于上海佘山国家旅游度假区核心，总建筑面积为 62 171.9 m^2，建筑格局为地上 2 层、地下 16 层、水下 2 层。该项目采用智慧燃气系统，输送至地下 60 m。百度联袂世茂深坑酒店打造"AI 智能生活"，AI 系统可轻松实现空调、窗帘、照明、房务等设备的智能控制，绿色节能的新风系统，时刻为室内提供清新空气；客房配备的智能屏音箱，带给宾客有求必应和便捷、舒适的智慧客房服务，让差旅生活更轻松、更便捷。智慧管理平台如图 1-17 所示。

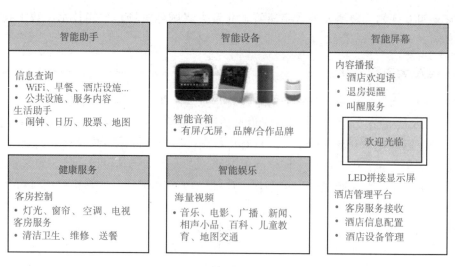

图 1-17　智慧酒店管理平台图

在酒店项目建设中引入 BIM 协同施工管理，通过名为手机 App，按区域、楼层将图纸上传到"云"端，项目人员可以直接根据电子图纸规划管理项目进度、定位质量问题完成质检和整改。BIM 技术主要应用如图 1-18 所示：①设计模型，建立信息化平台；②整合建筑、结构、机电专业设计模型，进行碰撞检查分析；③专业交审，BIM 技术手段校验根据各阶段设计图纸；④净高预分析并优化，指导后续施工；⑤虚拟仿真模拟，安全性能分析；⑥施工阶段 BIM 技术应用监控。

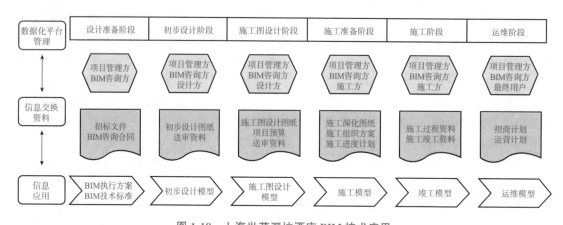

图 1-18　上海世茂深坑酒店 BIM 技术应用

信息技术已经成为实现智能化系统工程的重要工具手段。BIM 技术为建筑的全过程精细化管理提供了强大的数据支持和技术支撑，可自始至终贯穿建筑的全生命周期，实现全过程信息化、智能化、数字化。BIM＋GIS 为工程建设领域带来技术革新，在工程项目生命周期的各个阶段都发挥着重要的作用，BIM＋GIS 一体化的 CIM 平台则是我国向智慧化城市迈进的重要切入面和技术支撑。

一、建筑智能化系统的应用分析

1. 正确认识智能化发展

智能化技术是一个发展的技术，BIM、GIS、IoT、CIM 等数字技术奠定智能化的基础。信息化、数字化、智能化这些新兴技术逐步渗透到建筑智能化中，目前对新技术的理解和认识还很不足，需要完善规范、查阅相关先进资料，不断提高认识能力。

关于智能化系统的集成，有资料提出系统集成是建筑智能化系统的核心。在实际项目中，往往集成商、承包商定位不够清晰，应根据建筑物的具体业务与特征设置智能化系统配置表，分级设计与建造，分层次，突出功能特色，不能盲目照搬照抄，避免浪费。智能化产品应具有开放性，在项目招标投标中要考虑其兼容性，利用物联网、互联网的发展使得智能化系统的集成成为可能。

结构化系统的综合布线需要考虑弱电系统应用的特殊性，如不要盲目将监控、广播、消防报警等不同应用场所的系统综合在一起。

关于设计标准不完善和管理部门协调配合问题，需要密切配合技术发展，及时制定和改进有关规定与标准，消除多渠道控制和各自为政的情况，如中央控制室、消防控制室、监控室等之间的联系关系。

2. 运行中存在的问题

我国建筑智能化系统应用主要以商业建筑、办公建筑、住宅建筑为主。目前，商业建筑的份额占比达到 20％以上；由此可见，商业办公领域是我国建筑智能化工程建设的主要市场。由于商业办公业态变化较大，需要发挥智慧运维的管理能力，才能够有效发挥智能化的效能，避免重建设、轻运行管理的状态。因此，在开发建设前期充分调研，在规划和设计时编制合理的设计方案与施工图，避免造成产品的利用率低，影响设备正常运行。同时应强调以人为本，建立智能运维平台要有良好的人机界面。

3. 数字建造的变革

数字化技术在建筑行业得到越来越多的应用，国家十四五规划部署的数字经济，七个面向未来的前沿领域排在第一的就是人工智能。智能化技术与数字经济是建筑业的未来发展趋势，利用数字化技术、智能化技术，与工业化的深度融合，打造数字建造之路。因此，建筑将成为智能终端。

智能化建筑拥有丰富的应用场景，如低碳节能的智能绿色建筑、服务于人健康的智能健康建筑、服务于人交往的智能社区空间等；例如，通过智能传感器感知不同人对建筑空间照明、空调的需求，提供可视化、可数字化的协同，达到建筑智能终端的应用。

二、建筑智能化工程实施难点

1. 行业特点问题

智能化系统的子系统涉及自控、通信、计算机、电子、传感器、机械等领域，有的理论体系及产品还不成熟，值得借鉴推广的工程建设经验较少；由系统集成商二次设计过程中，容易受业主方、其他专业、相关技术人员的制约，配合协作的管理效能较低，在工程后期展开的二次深化设计与装修工程脱节，造成人力、物力的浪费。

2. 技术标准问题

早在1986年，国家计委就将"智能建筑"列为"七五"重点科技攻关项目，于1995年3月正式颁布《建筑与建筑群综合布线系统工程设计规范》，随后又发行了智能化系统相关设计及验收规范。《智能建筑设计标准》经历三次修改，由推荐性标准变为强制性规范GB 50314—2015。目前国内一些发达区域，如上海、江苏、山东等省市已制定了地方标准，邮电部也制定了综合布线标准，针对弱电集成系统与BIM、CIM的信息化融合，行业标准或全国性的规范还未形成，缺少指导集成设计标准及工程质量评定和验收统一标准。

3. 资质管理问题

在"互联网＋""大数据"等国家重大战略的实施带动下，智慧城市作为新型城镇化和信息化的最佳结合，将会有力推动我国城镇建设中智能化工程的实施。但是由于我国经济建设发展的不平衡性，需要针对地域、建筑性质进行智能化系统工程建设可行性分析，评估智能化系统的设置需求，根据资金轻重缓急，预留空间分步实施，分期发展，使之具有可持续发展性。不能脱离实际盲目攀比，以至造成不必要的浪费。

4. 人才可持续发展问题

近年来，随着人工智能、大数据、物联网等新一代信息技术加速与建筑技术的深度融合，产业形态重塑，智能化技术人才短缺问题越加凸显。在建设的全生命周期不仅需要传统给水排水、电气、暖通等设备专业，还要拥有自动化控制、计算机技术等专项知识。因此，培养可持续发展的智能化技术专业人才，助推建筑业智能化、数字化、信息化、绿色化发展的复合型人才是时代的必须。

5. 就行业本身和工程专项建设经验需要思考的问题

(1)建筑需求准确定位是智能建筑建设的首要问题。

(2)要有长远考虑的总体规划，具体实施则要分步骤进行。

(3)正确处理好技术先进性与可靠性的关系，尽量选择可靠和成熟的技术。

(4)保证资金到位，量入为出，防止浪费。

(5)系统力求简洁优化，以提高效益为目的，要适度留有冗余。

(6)设备择优使用，摒弃不良产品。

(7)工程实施要严格遵从规范要求。

(8)力求建立开放平台，以适应多种系统的不同要求。

(9)及时总结经验和教训，择优推广。

 项目回顾

建立基于BIM技术的平台，走新型建筑工业化道路，将智能化技术、数字经济与可持续拓展应用于建筑物，实现建筑智能终端的建造。

1. BIM 是以（　　）数字技术为基础，集成了建筑工程项目各种相关信息的工程数据模型，是对工程项目设施实体与功能特性的数字化表达。

    A. 二维 　　　　　　B. 三维 　　　　　　C. 四维 　　　　　　D. 五维

2. 除对工程对象进行 3D 几何信息和拓扑关系的描述外，还包括完整的工程信息描述，这属于 BIM 特点中的（　　）。

    A. 信息完备性 　　　B. 信息关联性 　　　C. 信息流动性 　　　D. 信息一致性

3. 整个工程项目建设造价控制的关键阶段是（　　）。

    A. 运维阶段 　　　　B. 设计阶段 　　　　C. 规划阶段 　　　　D. 施工阶段

4.（　　）实现建设项目施工阶段工程进度、人力、材料、设备、成本和场地布置的动态集成管理及施工过程的可视化模拟。

    A. 3D 模型 　　　　B. 4D 施工信息模型　C. 虚拟施工 　　　　D. 5D 信息模型

5. BIM 技术在设计阶段的主要任务不包括（　　）。

    A. 造价控制 　　　　B. 组织与协调 　　　C. 方案比选 　　　　D. 信息管理

6.（　　）阶段是整个设计阶段的开始，设计成果是否合理、是否满足业主要求对整个项目的以下阶段实施具有关键性的作用。

    A. 场地规划 　　　　B. 方案比选 　　　　C. 概念设计 　　　　D. 性能分析

7. 下列关于碰撞检查说法正确的是（　　）。

    A. 冲突检查一般从设计前期开始进行

    B. 随着设计的进展，反复进行"冲突检查—确认修改—更新模型"的 BIM 设计过程，直到所有冲突都被检查出来并修正，直到最后一次检查所发现的冲突数为零

    C. 不同专业是统一设计，分别建模的

    D. 冲突检查的工作只能检查其中两个专业之间的冲突关系

8. 基于 BIM 的设计阶段信息管理具备的优势，以下说法不正确的是（　　）。

    A. 满足集成管理要求

    B. BIM 模型可以体现所有专业的即时更新，保证所有设计信息是最新、最有效的

    C. 由于各个专业均是在同一个平台上操作，保证了信息的互通性，方便各个专业之间的沟通协调

    D. 满足全寿命周期管理要求，BIM 模型可以保存施工开始到竣工的所有信息，以满足全寿命周期各方对项目信息的需求

9. 以下选项不在绿色建筑功能体系涵盖范围的是（　　）。

    A. 宜居 　　　　　　B. 变革与创新 　　　C. 节能 　　　　　　D. 可持续发展

10. 下列选项中不属于 BIM 技术在施工企业投标阶段的应用优势的是（　　）。

    A. 能够更好地对技术方案进行可视化展示

    B. 基于快速自动算量功能可以获得更好的结算利润

    C. 提升项目的绿色化程度

    D. 提升竞标能力，提升中标率

项目二

公共安全系统

项目目标

1. 结合项目掌握的内容：入侵报警、视频安防监控、出入口控制、电子巡查、访客对讲、停车库(场)管理系统等安全技术防范系统技术要求；
2. 按照设置场所理解火灾自动报警系统设计原理及功能要求；
3. 应急响应系统是安全防范工程的强条，充分掌握应急响应系统设置的条件。

能力目标

理论要求：
1. 使学生了解安全技术防范系统的组成；
2. 熟悉智能小区防范体系的构建及紧急报警装置的通信形式；
3. 掌握火灾自动报警系统及联动控制设计要求。

技能要求：
1. 以建筑安防工程为例，具备识别安全防范系统图纸的能力；
2. 具有建立智慧社区访客管理系统、闭路监控系统及家居报警系统的配置方案能力。

思政要求：
通过多媒体手段，使学生认识社区、园区、城市等区域安全措施，了解防范系统智能设备的发展，培养学生健康的安全观、正确的防范意识，建立社会责任感。

项目流程

1. 授课教师以典型案例讲解安全防范系统及相关理论知识，使学生深入理解智慧社区的安全防范体系及消防工程的建设流程；
2. 学生分组查阅智慧社区安全防范体系构成，熟悉火灾自动报警系统设置环境及联动控制要求、功能及特点；
3. 完成智慧社区的访客对讲系统、教学楼火灾自动报警系统的技术文件，学生和教师互相对内容进行点评与打分，最终汇总个人成绩；
4. 参考课时：14 课时。

任务一　智慧社区

任务目标

　　熟悉智慧社区安全防范系统的组成及功能，掌握安全防范系统的设计原则及核心技术，理解安防子系统(监控、报警、巡更等)在建筑工程中的配置要求。

能力要求

　　理论要求：

　　1. 了解安全防范系统的组成；

　　2. 掌握社区安全防范系统的设计原则。

　　技能要求：

　　1. 具备识别智慧社区的安全防范系统的能力；

　　2. 具备组建智慧社区闭路电视监控系统、楼宇对讲系统、周界防范系统方案的能力；

　　3. 熟悉智慧社区设备选型及配置标准；

　　4. 以校园或社区为例，分组查阅国内外的安全与防范系统的知识、产品、系统等内容，并以电子文档(CAD/PPT)的形式讲解与其他人分享自己的成果。

　　思政要求：

　　利用典型案例，使学生熟悉安全防范系统的组成，引导学生养成安全、认真、文明、负责的工作态度，增强学生的责任担当，有大局意识和核心意识，树立"安全第一、预防为主"的规范意识。

任务流程

　　1. 授课教师以典型案例讲解安全防范系统的组成。

　　2. 以住宅安防系统施工图为例，培养学生基本识图能力。

　　3. 以智慧社区或校园，按组讨论配置安防系统(SA)构成：监控系统、报警系统(含周界防范)、无线对讲系统、门禁系统、巡更系统设计并操作。教师对方案实施进行点评和打分，最终汇总各小组成绩。

　　4. 参考：6课时。

　　5. 学习资源：

智慧社区安全
防范系统设计

智慧屋设计

智慧社区实训

停车库管理系统

一、智慧社区安防系统简介

智慧社区是指利用智能技术和方式，整合社区各类服务资源，为社区群众提供政务、商务、娱乐、教育、医护及生活互助等多种便捷服务的模式，是社区管理的一种新理念。"智慧社区"建设是将"智慧城市"的概念引入社区，强调以人为本的智能管理系统，突出基于物联网、云计算、大数据等新技术。智慧社区框架如图 2-1 所示。

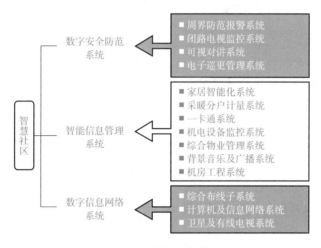

图 2-1　智慧社区框架图

社区安防系统是智慧社区一个重要组成部分，是确保社区居民人身和财产安全的重要手段。安防综合管理系统可实现社区内防盗报警系统、出入口监控系统、周界防范系统、闭路电视监控系统、巡更系统、可视对讲系统、住宅报警系统等子系统的集成管理、报警处理和联动控制。本任务借助智慧社区安全防范体系的构建练习，实现可视对讲室内分机房号、户数参数设置、室外主机访客呼叫室内分机操作、对讲门禁监控管理软件的基本操作及方案设计。

二、项目导入

本社区项目拟建 8 栋 6 层住宅、2 栋 11 层住宅、1 栋社区配套用房及 1 栋垃圾房和地下机动车库，预留幼儿园用地，总规划平面图如图 2-2 所示。本工程采用装配式混凝土剪力墙结构体系，运用标准化设计、工厂化生产、装配化施工、一体化装修和信息化管理的工业化建筑模式，工程内住宅建筑单体预制率不应低于 40%。

社区内 11 层单元式住宅，为二类高层建筑，一梯两户，每单元设置客用电梯 1 台；多层单元式住宅，每单元设置 1 台客用电梯。

地下汽车库 D-1 建筑层高为 3.2 m，停车位为 132 辆，D-2 地下车库建筑层高为 3.7 m，停车位为 216 辆，两车库与通道相连，设置两个双车道车行出入口和一个单车道车行出口。

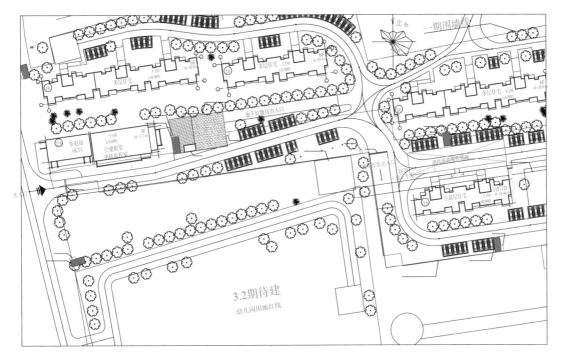

图 2-2　某社区总规划平面图

三、社区安全防范系统设计

本项目在地下车库设置安全、消防控制中心，建筑面积约为 80 m²，其平面布置如图 2-2 所示。消防控制中心距离通往室外安全出入口不应大于 20 m，且门口有明显标志。在地下车库内设置小区有线电视机房、通信机房。

1. 住宅访客对讲及防盗报警系统

（1）本小区各楼宇住户均设置访客对讲系统。

（2）各楼访客对讲及安全防范系统干线均由小区安保监控中心引来，穿焊接钢管引入住宅单体。

（3）在住宅出入口处、各楼底层单元门口及各楼地下室通道出入口处均设置楼宇访客（可视）对讲门口机。小区安保监控中心、小区出入口门卫室分别设置访客对讲系统管理机，可与住宅楼（可视）对讲机实现双向对讲。

（4）住宅户内对讲分机及住户报警控制器（键盘）在墙上明装或暗装；住户紧急报警按钮设置在无障碍卫生间，墙上暗装，距地 0.5 m，卧室紧急报警按钮距地 1.3 m。

（5）每户住宅设置防盗报警装置，防盗报警控制器具有布防、撤防等功能键盘。户内与外界相通的门窗均设置红外探测器，距地 2.2 m、距墙 0.3 m 处安装。报警信号采取有线形式送至小区安保监控中心。

2. 一卡通管理系统

（1）小区安保控制中心设置一卡通（门禁）管理系统主控设备。

（2）在小区各出入口处设置门禁读卡机，在住宅底层单元门口及住宅各楼地下室通道出入口处设置门禁读卡机和磁力门锁，门禁读卡机组合嵌装在小区对讲门口机、楼宇访客可视对讲门口机和出入口自动出卡机内。同时，在小区各主要机房，如变配电所、水泵房等处安装门禁读卡机，以防外来人员随意进出。

（3）火灾自动报警系统确认火灾后，应自动打开疏散通道上被门禁系统控制的门或停车库闸机。

3. 警卫巡更系统

在小区各楼底层单元门口、周边、地下车库、机房等场所设置电子巡更读卡机（记录点），采用在线方式，将小区重要部位如水泵房、变配电所、出入口作为记录点，供保安人员巡更过程在特定时间，将采集信息记录使用，并纳入管理软件。

4. 闭路电视监视系统

（1）闭路电视监视机房设置在地下层安保监控中心，视频监控系统采用数字系统。闭路电视监控系统设计与安装应满足安保部门颁布的"数字视频安防监控系统基本技术要求"。

（2）本设计闭路监视电视系统设备选择招标，由专业公司深化设计并承装。

（3）根据要求，在小区主要出入口、小区主干道路及主次道路交叉处、地下车库出入口、地下车库内、各层的公共走道、电梯轿厢内、周界等处，安装低照度黑白/彩色摄像机，对各处监视点的场面进行监视观察，针对重要的场面进行录像存档。

（4）摄像机可吸顶安装，电梯内的摄像机在吊顶内暗装。地下室的摄像机和室外的摄像机可安装在混凝土立柱上或墙壁上。

（5）除注明外，定点摄像机信号线均表示在 2 根 SC25 钢管内分别穿视频线及电源线；带云台摄像机线缆均表示 3 根 SC25 钢管内分别穿视频线、控制线及电源线。外网工程可采用联网传输，预埋 SC25 钢管。

5. 停车库管理系统

在小区主要出入口处（或地下停车库两个出入口处）分别设置一进一出、具有可进行图像识别的停车管理系统，主要包括中央控制计算机、自动识别装置、车票发放与检测、挡车器、车辆探测器、监控摄像机、车位提示牌等。整个系统的协调与管理及与其他系统如保安监控子系统、小区（一卡通）联网控制。

四、系统控制方案确定

随着移动网络技术的发展和智能硬件产品的升级改造，楼宇可视对讲产品集微电脑技术、视频监控技术、数码通信技术、电话机技术、无线防盗报警技术于一体，实现安防系统子系统如可视对讲系统、门禁管理系统、入侵消防报警系统、周界防范系统、巡更系统、监控系统、停车场管理系统的联网化、智能化。

本项目产品选择海康威视楼宇可视对讲系统，希望打造全新智能家居平台，同时，整合居家可视对讲、居家报警、门禁管理、居家物业管理等系统，为实现智慧社区提供产品软件、硬件保障，为智能家居产品提供从云端到终端的全套载体。另外，通过标准接口和萤石云为用户、开发商、物业公司提供无限功能扩展。

本项目依据住宅户型结构和开发商的具体要求，其可视对讲系统工程拟采用海康系列楼宇可视对讲系统。海康系列可视对讲系统是一种针对工程商与现代物业要求设计的保安系统，以管理中心为核心，以楼宇可视对讲为主体，可与计算机网络相连接，实现呼叫、对讲、监视、开锁、联网、文字/图片信息发布、住户/访客呼叫抓拍、安防报警、户户对讲等多种功能，达到物业综合管理信息化的最佳要求。可视对讲室内机带有 Wi-Fi 模块，可通过家用无线 AP 连接到广域网，实现与萤石云的对接，完成智能家居建设。图 2-3 所示为社区联网型可视对讲系统图。

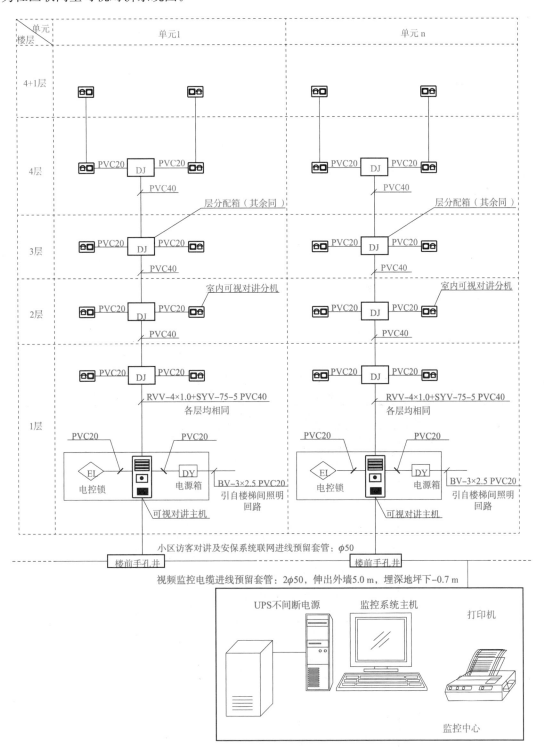

图 2-3　社区联网型可视对讲系统图

五、实训项目

1. 实训要求

(1)熟悉楼宇对讲、门禁系统的工作方式及设置模式;

(2)了解室内、室外、控制中心三处可视对讲线路连接;

(3)可视对讲、门禁系统方案设计。

2. 项目任务

(1)认知安全防范系统组成;

(2)确认安全防范系统控制对象,见表 2-1;

(3)认知可视对讲系统图及常见图例符号如图 2-4 所示;

(4)初步确定楼宇可视对讲、门禁系统平面管线布置方案;

(5)通过试验实现对讲门禁监控的基础操作。

表 2-1 安全防范系统控制对象确认表

序号	子系统名称	实现功能
1	可视对讲系统	
2	门禁管理系统	
3	入侵报警系统	
4	周界防范系统	
5	巡更系统	
6	闭路电视监控系统	
7	停车场管理系统	

图例	名称
VEl	暗装出线盒及可视访客对讲主机,离地1.3 m
CR	暗装出线盒及读卡器,离地1.5 m
EL	暗装出线盒及访客对讲电锁,安装在门框上沿0.15 m
●	暗装出线盒及出门开启按钮,离地1.3 m
VI	暗装出线盒及可视访客对讲分机,离地1.5 m
KP	暗装出线盒及住户报警系统控制键盘,离地1.4 m
O	暗装出线盒及紧急按钮开关,离地1.0 m
G	暗装出线盒及吸顶装易燃气体探测器
	彩色固定摄像机,吸顶安装(预留)
H/A	楼层访客对讲及安保分接箱,电井内明装

图 2-4 安防系统常见图例符号

3. 实训总结

(1)以小组的方式讨论交流可视对讲系统设置内容;

(2)以小组的方式总结智慧社区安全防范系统产品类型,并且填写表 2-2;

(3)探讨智慧社区规划。

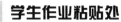

表 2-2　安全防范系统点位统计表

序号	子系统名称	设置范围	数量
1	可视对讲系统		
2	门禁管理系统		
3	入侵报警系统		
4	周界防范系统		
5	巡更系统		
6	闭路电视监控系统		
7	停车场管理系统		

姓名： 班级： 学号

小组名称		小组成员		
项目名称	智慧社区之访客对讲管理系统		成绩	
任务目的	1. 使学生熟悉和了解智慧社区组成及功能； 2. 初步探讨访客对讲系统设计形式； 3. 培养学生的动手能力和应急反应能力			
任务说明	1. 建议 3 人一组开展学习； 2. 观察住宅或校园访客管理系统，如学校出入口、图书馆、宿舍、实验室等区域，记录系统采取的形式及安装方式； 3. 针对不同区域安防子系统设计原则			
任务要求	依据工程案例，探讨智慧社区安防内容： 1. 认知常见安全防范的对讲系统图例符号； 2. 按照下表叙述住宅楼宇可视对讲系统的设置部位及安装方式： 3. 模拟场景设计：学校、住宅小区(任选)。 (1)实现室内、室外(单元)、控制中心(值班室)三处(可视)对讲； (2)在安防中心与住宅(宿舍)实现双向可视通话功能			

图例

编号	型号	安装方式
	带云台监视器	悬挂装高 2.0 m
	不带云台监视器	悬挂装高 2.0 m
	信息插座	暗装，距地 0.3 m
	电视出线座	暗装，距地 1.6 m
	电话出线座	暗装，距地 0.3 m
	扬声器 3 W	暗装，门上 0.2 m
	用户应答器	悬挂装高 1.4 m

		应装
住宅(可视)对讲系统	监控中心(值班室)	应装
	小区出入口(一卡通)	应装
	楼栋单元主出入口、地下停车库与住宅楼相通的主出入口	应装
	每户住宅	应装
	复式住宅每一层，别墅的地面层、别墅可直通户外公共区域的地下室	宜装
	地下停车库与住宅楼相通的其他辅助出入口	宜装

任务内容	1. 宿舍楼。 宿舍可视对讲系统是由宿舍出入口至楼管和学校安防中心共同建立联系及控制的立体防范体系。通过与学校出入口控制系统相配合，在宿舍门厅安装闸机，电梯或住宿层设置提供安全、可靠的访客及学生或教师出入的身份识别和门禁系统，利用密码或 IC 卡等数字化形式进入，便于核查进入者身份。此系统的设置将提升学生对校区安全防范的信心及智慧校园的管理品质。 2. 住宅楼。 住宅访客对讲系统采用套装门口机，终端到各户。各户内设置紧急求助按钮，1、2 层住户设家庭安防装置(门、窗磁红外探头等)，信号传输至区域控制中心。安防系统设备安装高度(底距地)：对讲手机墙盒 1.3 m，层接线盒 2.2 m，电源装置盒 1.3 m，均暗装。 3. 以智慧校园学生宿舍为例，确定访客管理系统设计方案及安防设施位置。

宿舍值班 (门厅)可视 对讲系统	智慧校园出入口(大门)	应装
	每层值班间	宜装
	安防中心	应装
	宿舍及门厅	应装
	宿舍电梯、楼梯相通的其他辅助出入口	宜装

	序号	评价项目及标准	小组自评	小组互评	教师评分
任务总结	1	1. 正确识别子系统功能(15 分) 2. 选择智慧社区安防系统并且完成可视对讲项目设计方案(35 分)			
	2	实现访客系统门口机室内机呼叫操作(40 分)			
	3	工作态度、安全文明(10 分)			
	4	合计(100 分)			

遇到问题，解决方法，心得体会：

扫码打开任务书
任务练习 智慧社区之访客对讲管理系统

完成方案规划及设备选型：

1. 叙述安全防范子系统功能；
2. 说明智慧社区安防系统选择设置的内容；
3. 完成可视对讲项目设计方案。

一、安全技术防范系统的组成

安全技术防范系统包括安全防范综合管理（平台）和入侵报警、视频安防监控、出入口控制、电子巡查、访客对讲、停车库（场）管理系统等；在构建智慧社区安防管理平台应采用数字化、网络化、平台化的系统，建立结构化架构及网络化体系；同时与智慧城市 CIM 关联，作为城市应急响应系统的基础系统之一，并且宜纳入智能化集成系统。图 2-5 所示为住宅小区自动化系统的基本组成。

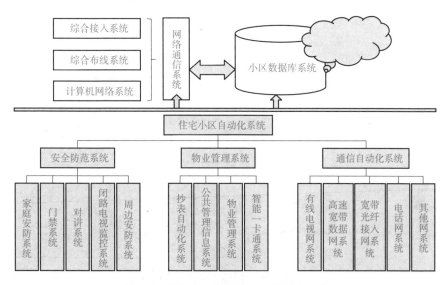

图 2-5　住宅小区自动化系统的基本组成

安全防范系统应依据"预防为主、打防并举"和安全防范工作实行"人防、技防、物防"相结合的原则。首先实现防范，对财务、人身或信息资源等进行安全保护，并且能够发现安全问题后及时报警，实时监视与记录现场图像和声音，将信号通过网络送到保安部门或监控中心。另外，系统应有自检和防破坏功能，延迟报警，以免误报。

二、安全技术防范系统的结构模式

安全技术防范系统的结构模式有集成式安全防范系统、综合式防范系统、组合式防范系统。这些模式应设置紧急报警装置，并预留与城市应急响应的接口，如 110 等。

目前，系统应用多技术融合，主要系统有防盗报警系统（Intruder Alarm）、出入口控制系统（Access Control System，ACS）、钥匙管理系统（Key Box）、电视监控系统、巡更系统。针对重要的建筑物和有保安要求的场所，例如，金融大厦中的金库及珍宝等储存保险柜的房间，博物馆、展览馆等重要文物库房，图书馆、资料库等珍藏书籍，机要档案库，商场营业大厅等其他重要建筑物的重要部门和设施，需要采取上述系统的组合。

图 2-6 所示为某大楼大堂门口和电梯的摄像机布置图。设计要求：能够实现对门口人员出入情况、前台咨询来客情况、电梯出入进行监视和记录。除中心控制室进行监视和记

录外，在前台经理室也可以选择需要的监视图像。采用 4 类摄像机分别监视上述现场，整个系统采用交叉控制和并联四点单路组成方式。如出入口采用网络快球摄像机，室外摄像机带防护罩，前台柜台采用网络枪式彩色摄像机，大堂门口的摄像机直对屋外，需防逆光，电梯轿厢摄像机电梯对角轿厢顶部设置彩色半球摄像机，大部分时间摄取乘客正面。

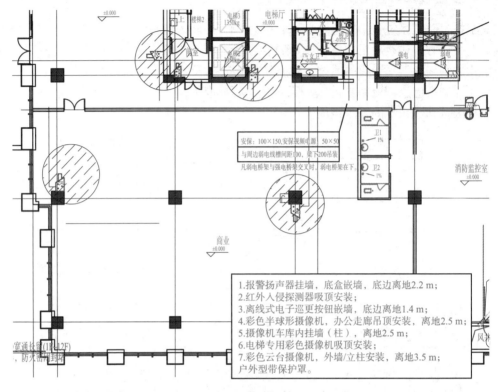

图 2-6　某大楼大堂门口和电梯的摄像机布置图

安防控制中心采用 1 台彩色收监两用机，网络红外摄像机，1 台录像机。网络高速球摄像机与网络红外摄像机，都有独立的输入输出接口，包含视频线、RS485 控制线、报警输入输出接口、音频输入输出接口。图 2-7 所示为网络硬盘录像系统接线原理图及网络摄像机接线端子图；视频设备选择见表 2-3。

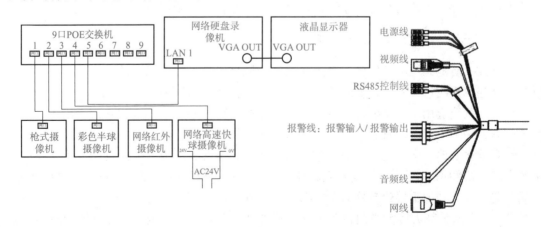

图 2-7　网络硬盘录像系统接线原理图及网络摄像机接线端子图

表 2-3　视频设备选择参考表

序号	设备名称	规格	数量
1	网络硬盘录像机	DS-8608	1台
2	枪式摄像机	DS-2C2T45(D)P1-I	1台
3	彩色半球摄像机	DS-2CD2346(D)WD-I	1台
4	网络红外摄像机	DS-2CD2645F(D)-I(Z)(S)	1台
5	网络高速球摄像机	DS-2DE7430IW-A	1台
6	交换机	TL-SG1210PE	1台
7	工作站	成就 3681	1台
8	网络硬盘录像机软件	IVMS-4200	1套
9	监视器	DS-D5022FL	1台
10	平行网线 8P	自定	4根

三、应急响应系统功能

应急响应系统是城市公共建筑、建筑综合体应对各种安全突发事件的综合防范保障，是对消防、安防等建筑智能化系统基础信息关联、资源整合共享、功能互动合成，形成更有效地提升各类建筑安全防范功效和强化系统化安全管理的技术方式之一，也是智慧城市安全环境运营及管理的模式。因此，应急响应系统在建筑智能化系统工程中应考虑将火灾自动报警系统、安全技术防范系统纳入系统，同时，应能够与疏散指示照明及导引逃生系统联合，与紧急广播及信息发布系统联动，中心机房可与闭路电视监控机房合用。

建筑智能化系统工程中安全防范系统的设置是构建社会稳定安全、人民幸福的重要技术保障，因此，《安全防范工程技术标准》(GB 50348—2018)中强制性条文第 6.14.2.1 条要求："监控中心应有保证自身安全的防护措施和进行内外联络的通信手段，并应设置紧急报警装置和留有向上一级接处警中心报警的通信接口"，与《智能建筑设计标准》(GB 50314—2015)中 4.6.6 强制性条文："总建筑面积大于 20 000 m² 的公共建筑或建筑高度超过 100 m 的建筑所设置的应急响应系统，必须配置与上一级应急响应系统信息互联的通信接口"是对应的。图 2-8 所示为市应急部门与火灾自动报警系统的连接示意。

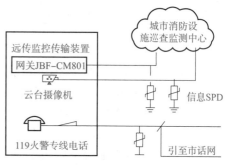

图 2-8　市应急部门与火灾自动报警系统连接示意

对于不便于人流及时疏散的大型综合体建筑及超高层建筑，为了有效防范威胁民生的恶性突发事件，必须设置应急响应系统，配置与智慧城市管理系统的信息互联通信接口，确保该建筑内所设置的应急响应系统实时、完整、准确地与上一级应急响应系统全局性可靠地对接，提升建筑内人员生命遇到重大风险时的应急抵御能力，由此避免重大人员伤害和减少经济损失。同时，城市应急系统通过信息通信网络可靠地下达地震等自然灾害及重大安全事故的预报及预期警示信息，起到启动处置预案能够迅速响应的保障。

一、智慧社区住宅安防系统应用

安全防范系统直接关系到住户的生活与安全，一般设置有访客对讲系统、门禁管理系统、家居意外事故自动报警系统、闭路电视监控系统、防盗报警系统、停车场管理系统、电子巡更管理系统、周界防范报警系统。高层、多层住宅安防系统等级配置见表2-4。

表2-4 高层、多层住宅安防系统等级配置表

智能化系统			高层住宅	多层住宅	别墅(洋房)	停车库
公共安全系统		火灾自动报警系统	*	—	—	*
公共安全系统	安全技术防范	入侵报警系统	*	*	*	—
		视频安防监控系统(与停车管理系统结合)	*	*	*	*
		门禁系统(一卡通)	*	*	*	*
		访客管理系统	*	*	*	*
		巡更系统	*	*	*	*
		停车库管理系统	—	—	*	*
		周界防范报警系统	*	*	*	*
	安全防范管理平台		*	预留	*	—
	紧急报警系统		*	*	*	*
	无线对讲系统		*	-	*	*
	消防控制室(物业管理室合用)		*	—	—	*

(1)住宅访客对讲呼叫及闭路电视监控系统是小区的第三层面防范。住宅楼采用套装门口机，系统主要由单元门主机、室内分机、总线制中心管理机、视频分配器等组成，终端到各户。各户内设置紧急求助按钮，1、2层住户设家庭安防装置(门、窗磁红外探头等)，信号传输至小区控制中心。

(2)闭路电视监控系统主要用于整个小区的安全监视。监视点设于小区的周边、出入口、各主要通道、停车场、电梯及其他重要的场所，对小区进行第二层面的防范，为小区安全管理提供最有效、最直接、最具现代化的视频监视手段。

(3)电子巡更管理系统的作用是保证小区保安值班人员能够按照预先设定的路线顺序地对小区内各巡更点进行巡视，同时保护巡更人员的安全。该系统由巡更检测点(即IC卡)、手持巡更机(读卡器)、主控计算机、打印机、巡更管理软件等组成。

(4)周界防范报警系统是住宅小区第一层面的防范，该系统主要利用先进的主动红外技术对小区的周界、重点部位进行防范，防止外界的非法侵入。

二、公共建筑安全防范系统案例

以商务为主题的5A标准办公楼，定位中高档，适度吸引中高层租赁客户。

(一)安全防范系统

(1)本工程的安全防范等级为二级,安全技术防范系统包含闭路电视监视系统、门禁管理系统、访客管理系统、离线巡更系统和紧急报警系统等子系统,系统集成至安防监控管理平台,安防系统控制室需设110报警,且闭路电视监视系统须预留与公安监控网络接口。办公楼安全防范系统如图2-9所示。

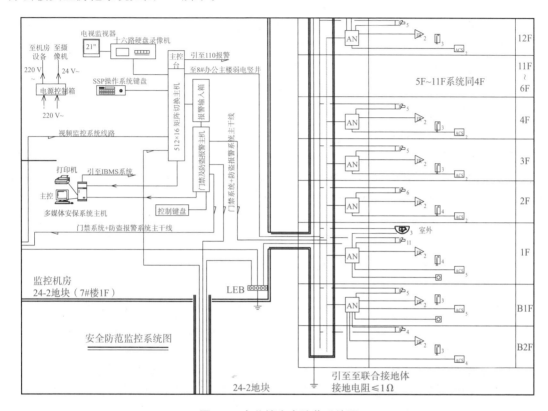

图 2-9 办公楼安全防范系统图

(2)安防控制中心设在一层,负责整个大楼的安全防范控制。

(3)本工程各出入口、电梯厅、电梯轿厢内等场所设监视摄像机。

(4)摄像机电源由就近的弱电间供给220 V交流电,若规模较小可直接由保安控制室提供电源。

(5)安全系统配置数字记录器,能连续地记录摄像机的数据(每天24 h,1个月)。

(6)中心主机系统采用全矩阵系统,所有摄像点可同时录像,主机根据需要实现全屏、四画面、九画面,部分区域摄像机在保安控制室可控,如云台控制、聚焦调节等。

(7)视频监控分类有数字式/模拟式/数模结合式;硬盘录像机可采用数字硬盘存储录像,具有回放、网络远程浏览与控制功能;网络摄像机采用标准的JPEG及MPEG图像压缩。

(8)系统可做时序切换,对办公楼10层以上部分距离较远的摄像机采用单模光纤和光端机进行视频传输,以避免视频信号衰减影响监视图像质量,同时,也可减少大量同轴电缆进入控制室。光端机采用数字式,可接入1/2/4/8路视频信号,光端收/发机分别设在楼层弱电间和控制室。光纤传输之单模光纤利用综合布线之干线子系统。

所有的室外摄像机之同轴视频电缆接入控制室时,应采用同轴电缆浪涌保护装置。

闭路电视监视系统需要与门禁管理系统、紧急报警系统等进行联动控制。

（9）CCTV摄像机选择固定、摇头、俯仰移动、变焦和适用于照度低环境的产品，并安装在能获取最好画面的位置。视频电缆选用SYV-75-5，控制电缆选用RVVP-2×0.5，电源选用BV-2×2.5，缆线敷设方式采用穿镀锌钢管暗敷。吊顶的区域主要采用半球型摄像机。用于电梯轿厢监视的视频信号应叠加楼层显示，以便值班人员监控。

（10）安防系统集成管理可提供以下功能：

1）各子系统的控制及联动、状态监视、事件记录打印和管理功能；

2）提供各层的电子地图，以图形化方式实时显示摄像机、门禁、报警点、停车库出入口位置及状态，在电子地图上完成控制功能；

3）提供标准软件接口，供弱电集成管理系统集成。

（二）门禁管理系统

门禁管理系统采用非接触式智能IC卡，用于控制人员出入办公楼，以及避免未经授权的人员进入重要设备机房和办公区。该系统由感应式读卡器、电磁锁、门禁控制器、管理主机、发卡器、非接触智能IC卡等组成。其主要设置在消防控制中心、分控中心、重要机电设备用房、楼层强弱电间、楼层空调机房及物业后勤办公室等区域。

门禁前端装置包括IC读卡器、电磁锁、出门按钮及紧急开门按钮等。门禁系统可与闭路电视监视系统及火灾报警系统进行联动控制。当发生火警时，用于疏散的门必须自动打开，使人员能够正常疏散；也可与停车库管理系统等组成一卡通系统。

（三）访客管理系统

通过与出入口控制系统相配合，在办公楼大堂或住宅与电梯厅之间设置自动门对进入大楼者进行身份检查。此系统的设置将提升租户对物业安全的信心，同时，也提升办公楼或住宅的商业品质。

为保障早高峰时段不因采用快速通道门而拥挤排队，可多设几个通道，其中包括无障碍设施和大件行李通道。快速自动通道门由1m高不锈钢箱体和可伸缩玻璃障碍门组成，并集成门禁控制系统和读卡器。

（四）离线巡更系统

提供一套离线巡更系统，以保证保安巡逻得及时、准确及安全。巡更主机设置在消防控制中心。

（五）紧急报警系统

紧急报警系统包括报警控制器、布撤防键盘、总线模块、声光报警器、门磁开关和紧急报警按钮等，主要用于入侵报警、紧急事故报警、无障碍卫生间报警等。

水泵房及变配电站等设备机房出入口设置门磁开关报警，其声光报警器安装于机房外；在消防控制室可对门磁报警开关进行布防和撤防操作。对设有门禁的出入口，只有当非法闯入时才进行报警和联动声光报警器。

无障碍卫生间设置紧急求助报警按钮，声光报警器安装于卫生间门外；服务台、收银台、消防控制室、分控室设置紧急报警按钮。

报警控制器设置在消防控制中心，可通过安防集成系统集中在消防控制中心监视。

（六）背景音乐及紧急事故广播系统

主要为建筑内大堂、首层提供背景音乐或一些必要的广播信息，设置一套背景音乐及紧急广播系统，达到抑制环境噪声，营造轻松浪漫环境空间的目的，同时，可向建筑内所有公共区域、地下停车库等区域提供紧急广播。

广播系统采用分区控制，按楼层进行分区控制；办公楼大堂及首层电梯厅作为独立的背景音乐及紧急广播分区；商业公共区域作为独立的背景音乐及紧急广播分区；整个办公楼洗手间作为独立的背景音乐分区。通常，公共区域等有吊顶区域设置吸顶扬声器，地下车库、楼梯前室等无吊顶区域设置箱式扬声器。根据《建筑设计防火规范(2018 年版)》(GB 50016—2014)要求，从同一防火分区内的任何部位到最近一个扬声器的步行距离不大于 25 m。

广播系统设备包括 DVD 播放器、AM/FM 调谐收音机、MP3 播放机、数码预录通告机、功率放大器、数字控制器、话筒及分区呼叫站等。消防控制中心设有广播主机等控制设备。

背景音乐广播扬声器可兼作应急广播扬声器。火灾应急广播具有独立性，无论广播处于何种状态火灾应急广播均可执行切入。

(七)汽车库管理系统

(1)本工程设置一套汽车库管理系统，如图 2-10 所示。汽车库管理系统入口车道设备包括出票机、读卡机、内部电话、摄像机和挡杆。出口车道设备包括读卡机、费用显示器、内部电话、收费亭和挡杆等。通过验证出入卡、票和图像识别技术，识别各进出车辆，从而防止车辆被盗。车辆进入系统能精确地建立车辆外侧表面的轮廓，并能拍摄高分辨率的车辆图像，还能迅速自动地探测车牌，从所拍摄影像中提取资料，然后将所拍摄的车牌号码和影像与票据和车辆特征记录做对比，以保证车辆的正常有序出入。车道出入口的控制主机与出票机、读卡机、内部电话、摄像机和挡杆等的管线采用穿管埋地敷设方式。

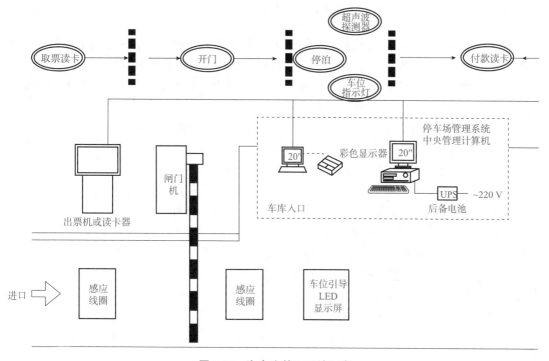

图 2-10　汽车库管理系统示意

(2)系统应具备自动计费、收费显示、出票机有中文提示、自动打印收据；出入挡杆自动控制；入口处设空车位数量显示。

本项目为社会保障住宅的示范性项目。本设计着眼点是以居民的高舒适度、高品质的居住环境和可持续性的长期居住作为最终目标。

本案例通过建筑智能化系统的设计充分体现了"绿色和环保"的精神，将"舒适建筑""智慧家居"引入项目，为居民提供一个优美舒适的宜人社区。智慧家居功能如图 2-11 所示。

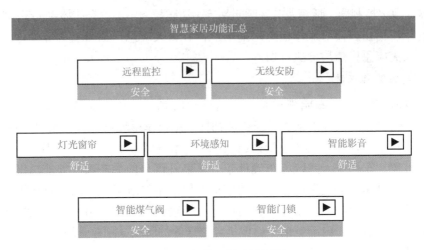

图 2-11 智慧家居功能框图

安全是居民对住宅的首要要求，智能楼宇的安全防范系统担任居民生命和财产安全的职责。楼宇对讲系统、闭路监控系统及家居报警系统统一构成了智能小区的防范体系。

安全防范工程建设程序应划分项目立项、工程设计、工程施工、工程初步验收与试运行、工程检验验收及移交、系统运行维护等主要阶段。

安全防范系统的主要设计标准、规范及依据包括《安全防范工程技术文件编制深度要求》(GA/T 1185—2014)、《智能建筑设计标准》(GB 50314—2015)、《民用建筑电气设计标准》(GB 51348—2019)、《安全防范工程技术标准》(GB 50348—2018)。

在有限的空间内展示"智慧家居"的核心应用主要有以下几个方面：

(1)无线安防报警：无线红外对射、无线门磁、无线红外探测时刻保护家居安全；

(2)智能门锁回家联动：通过密码、指纹开门回家，自动撤防、开灯、开窗帘、开窗户；

(3)煤气安全：煤气泄漏，自动关闭煤气阀、打开窗户；

(4)健康空气：智能感知模块自动检测环境温度、湿度、空气质量，分别关联空调、加湿器、空气净化的开关，保持室内舒适；

(5)智慧眼：室内安装多个网络摄像机，家中出现异常状况就可以随时看到；

(6)离家布防：离家时，上提门锁把手，自动布防，关灯，关闭空调、加湿器、净化器，关窗户。

云社区智能家居植入安全防范及视频监控。其户型设计如图 2-12 所示。

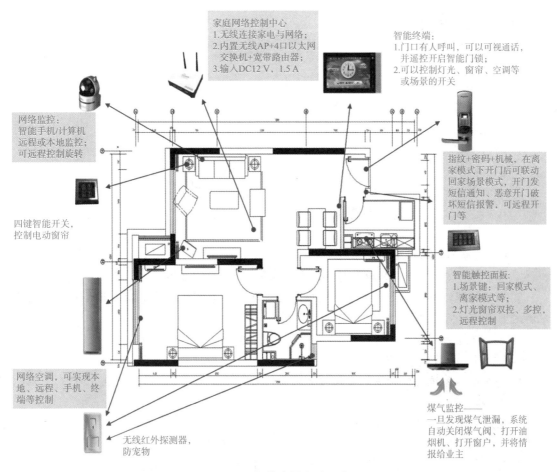

家庭网络控制中心
1.无线连接家电与网络;
2.内置无线AP+4口以太网交换机+宽带路由器;
3.输入DC12 V，1.5 A

智能终端:
1.门口有人呼叫，可以可视通话，并遥控开启智能门锁;
2.可以控制灯光、窗帘、空调等或场景的开关

网络监控:
智能手机/计算机远程或本地监控;可远程控制旋转

指纹+密码+机械，在离家模式下开门后可联动回家场景模式，开门发短信通知、恶意开门破坏短信报警，可远程开门等

四键智能开关，控制电动窗帘

智能触控面板:
1.场景键:回家模式、离家模式等;
2.灯光窗帘双控、多控，远程控制

网络空调，可实现本地、远程、手机、终端等控制

无线红外探测器，防宠物

煤气监控——
一旦发现煤气泄漏，系统自动关闭煤气阀、打开油烟机、打开窗户，并将情报给业主

图 2-12　智慧家居户型设计图

（1）安全防范系统：出门时可以对房屋周围进行安全布防，一旦遇到非法入侵，系统会主动拨打电话给物业管理中心报警，并第一时间拨打业主手机予以通知。

（2）视频监控：可随时随地照看家里的老人、孩子及宠物；回到家，通过智能终端或电视机随时了解小区、车库、幼儿园等关键位置的情况。

（3）可视对讲：无论是在卧室就寝、厨房烹饪，还是在浴室洗浴，都可以随时看到来访者，并与之通话或开门。

（4）家电远程控制：可以通过手机或上网控制家电。

宜居家园的建筑设备安装代表着智能化家居，美好的居住环境，便捷、高度发达的安防保障及智能的"智慧"社区控制构成家园；智慧城，代表着项目涵盖的丰富业态，从住宅到商业、公寓、写字楼，集建筑、网络通信、信息家电、设备自动化等服务、管理为一体的高效、舒适、安全、便利、环保的城市生活。

一、简答题

1. 简述安全防范系统的组成及各子系统的作用。

2. 智慧校园规划设计,你认为应具备哪些安全防范系统?

二、选择题

1. 利用视频技术探测、监视设防区域体现了视频安防监控系统的( )。

    A. 功能   B. 应用   C. 作用   D. 效果

2. 在安全技术防范标准中,GB 50348—2018 表示( )。

    A.《安全防范工程程序与要求》

    B.《安全防范工程技术标准》

    C.《安全防范系统通用图形符号》

    D.《安全防范工程费用概算预算编制方法》

3. 假设将探测时间、延迟时间、反应时间分别用 $T_{探测}$、$T_{延迟}$、$T_{反应}$ 表示,则三者之间应满足下面的时间关系( )。

    A. $(T_{探测}+T_{反应})=T_{延迟}$ B. $(T_{探测}+T_{反应})>T_{延迟}$

    C. $(T_{探测}+T_{反应})\geqslant T_{延迟}$ D. $(T_{探测}+T_{反应})<T_{延迟}$

4. 安全防范系统的防护级别应与防护对象的风险等级相适应。防护级别分为( )级。

    A. 四   B. 三   C. 二   D. 一

5. 安全技术防范系统不包括( )。

    A. 入侵报警系统   B. 视频监控系统

    C. 出入口控制系统   D. 防火安全检查设备

三、判断题

1. 出入品控制系统主要由识读部分、传输部分、管理/控制部分和执行部分及相应的系统软件组成。( )

2. 在入侵报警系统中,在设防状态下,当探测器探测到有入侵发生或触动紧急报警装置时,报警控制设备应显示出报警发生的区域或地址。( )

3. 安全防范系统是以维护社会公共安全为目的,运用安全防范产品和其他相关产品所构成的入侵报警系统、视频安防监控系统、出入口控制系统、防爆安全检查系统等;或由这些系统为子系统组合或集成的电子系统或网络。( )

4. 安全技术防范是以安全防范技术为先导,以实体防范为基础,以人力防范和技术防范为手段,所建立的一种具有探测、延迟和反应有序结合的安全防范服务保障体系。( )

5. 视频监控系统中,为了清楚地显示被监控目标特别是人物面貌,一般顺光观察。逆光易得到清晰图像,在图像中易产生晕光现象。( )

6. 分辨率是衡量摄像机优劣的一个重要参数,它指的是当摄像机摄取等间隔排列的黑白相间条纹时,在监视器(应比摄像机的分辨率高)上能够看到的最多线数。( )

任务二 火灾自动报警系统

任务目标

通过消防工程的实施，熟悉火灾自动报警系统的组成及功能，掌握消防联动控制的设计原则及控制模式，了解火灾自动报警系统设置的场所及设备选择，关注消防工程在建筑工程中的作用。

能力要求

理论要求：

1. 掌握火灾自动报警及消防联动系统组成及功能；

2. 熟悉火灾自动报警系统的设计原则和消防联动控制的内容；

3. 了解智能建筑中火灾自动报警系统与建筑设备管理系统互联信息通信接口的实现。

技能要求：

1. 具备识别火灾自动报警系统图纸的能力；

2. 初步具备不同建筑物火灾自动报警系统设备选型要求；

3. 熟悉消防联动控制模式；

4. 以民用建筑为例，分组查阅消防工程的安装及配线形式；

5. 通过实验，进行探测器编码及模拟消防工程联动控制形式。

思政要求：

利用典型工程案例使学生熟悉火灾自动报警系统的组成，引导学生养成安全、认真、文明、负责的工作态度，接受新知识、新方法和新技术的能力；具有良好的思想品质和社会公德，具有高尚的职业道德和团结协作的精神，具有法治观念，树立"安全第一、预防为主"的规范意识。

任务流程

1. 授课教师以典型案例讲解消防系统分类及形式。

2. 发放消防工程图纸，培养学生基本识图能力。

3. 了解《火灾自动报警系统设计规范》(GB 50116—2013)等消防规范，配合消火栓给水系统、自动喷水灭火系统及防排烟设施，理解消防联动控制原理，初步完成公共建筑火灾自动报警系统设计方案。

4. 学会查阅标准、规范的能力，完成火灾自动报警系统地址编码及消防联动控制的训练。教师对成果进行点评和打分，最终汇总各小组成绩。

5. 参考：8课时。

6. 学习资源：

消防报警联动
系统实训

例图1、2：火灾自动
报警系统图设计

(1)本工程采用集中报警系统,系统设有火灾报警控制器、消防联动控制器、火灾探测器、手动火灾报警按钮、火灾声光报警器、消防应急广播、消防专用电话、消防控制图形显示装置、电气火灾监控系统等。

任一台火灾报警控制器所连接的火灾探测器、手动火灾报警按钮和模块等设备总数与地址总数,均不应超过 3 200 点,其中每一总线回路连接设备的总数不宜超过 200 点,且应留有不少于额定容量 10% 的余量。

消防控制室的报警控制设备由火灾报警控制主机、消防联动控制器、CRT 显示器、打印机、消防应急广播、消防直通对讲电话设备、电气火灾报警主机等组成。消防控制可接收感烟、感温、可燃气体等探测器的火灾报警信号及水流指示器、信号阀、压力开关、手动报警按钮、消火栓按钮、电气火灾的动作信号。

(2)本工程采用消防联动与手动控制相结合的方式,有消火栓系统联动控制、自动喷水灭火系统联动控制、防排烟系统联动控制、火灾应急广播、火灾应急照明等系统的监视及控制内容。

(3)火灾报警和消防应急广播系统联动控制。火灾自动报警系统应设置火灾声光警报器,在发生火灾时发出警报。同时,确认火灾后启动建筑内火灾应急广播,应急广播可与公共广播、背景音乐合用,设计时按建筑层或防火分区分路布置。

(4)消防专用电话系统。在消防控制室内设置消防专用直通对讲电话总机;除在手动报警按钮上设置消防专用电话塞孔外,在消防水泵房、变配电室、防排烟风机房、电梯机房、冷冻机房、建筑设备监控中心、管理值班室等场所还设有消防专用电话分机。

消防专用电话网络为独立的消防通信系统,便于确认火灾后及时向消防队报警。

(5)消防系统线路的选型及敷设方式。信号传输干线采用 NH-RVS-2×1.5,电源干线采用 NH-BV-2×2.5,电源支线采用 NH-BV-2×1.5,电话线采用 NH-RVS-2×0.5,广播线采用 NH-RVS-2×1.5。传输干线采用防火金属线槽在弱电间、吊顶内明敷,支线采用穿钢管或经阻燃处理的硬质塑料管保护暗敷于不燃烧体的结构层内,且保护层厚度不宜小于30 mm。由顶板接线盒至消防设备一段线路穿金属耐火(阻燃)波纹管。

(6)消防控制室。消防控制室的设备布置需要操作空间,如果考虑与其他弱电系统合用控制室,应考虑面积增加,同时消防设备应集中设置,并应与其他设备有明显间隔。

姓名：　　　　　　班级：　　　　　　学号：

小组名称		小组成员	
项目名称	火灾自动报警系统及联动控制	成绩	
任务目的	1. 使学生熟悉火灾自动报警系统及联动控制内容； 2. 培养学生的动手能力和应急反应能力		
任务说明	1. 建议3人一组开展； 2. 观察校园有火灾自动报警系统的楼宇，分析设置火灾自动报警系统与消火栓系统、喷淋系统的要求； 3. 记录火灾自动报警系统元件，如探测器、报警按钮安装方式		
任务要求	1. 说明探测器报警原理及触发形式； 2. 总结火灾自动报警系统工程图例符号，并熟悉自动报警系统线缆规格； 3. 依据教学楼或办公楼为例，组建火灾报警系统及联动控制方案，选择系统连接方式		

依据不同场所，关注探测器不同场所选择类型，例如：

1. 感烟、感温、感光、气体、复合等点型火灾探测器所适用的安装场所；

2. 无遮挡的大空间或有特殊要求的房间，宜选择线型光束火灾探测器；

3. 高速气流的场所、灰尘比较大的场所，不应选择没有过滤网和管路自清洗功能的管路采样式吸气感烟火灾探测器。

填写下表的电气工程图例符号。

图例符号	设备类型	图例符号	设备类型	图例符号	设备类型
	输入模块		输出模块		输入输出模块
	点型感烟探测器		压力开关		应急广播
	点型感温探测器		水流指示		火灾显示盘
	火焰探测器		信号蝶阀		声光报警装置
	可燃气体探测器		消火栓按钮		总线消防电话分机
	手动报警按钮		排烟、防火阀		

（任务内容）

序号	评价项目及标准	小组自评	小组互评	教师评分
1	设计方案文件(50分)			
2	图例符号及线缆选择正确(30分)			
3	工作态度(10分)			
4	安全文明(10分)			
5	合计(100分)			

任务总结

遇到问题，解决方法，心得体会：

扫码打开任务书

任务练习　火灾报警系统及联动控制

1. 消防设备选择填写(表2-5)

表 2-5　消防设备选择

序号	设备名称(报警控制主机、探测器、报警装置、模块等)	设备型号(建议关注上海松江9000型产品)	数量
1			
2			
3			
4			
5			
6			
7			
8			
9			
10			

2. 材料选择填写(表2-6)

表 2-6　材料选择

序号	材料名称(电线电缆)	电线电缆规格
1		
2		
3		
4		
5		

一、火灾自动报警系统功能

火灾自动报警系统(FAS)是人们为了及早发现和通报火灾，及时、有效采取控制和扑灭火灾，设置在建筑物内的一种自动消防设施。火灾自动报警与消防联动控制系统作为公共安全(Public Security System)的一个子系统，是保障建筑防火安全的关键，应与安全技术防范系统实现互联，提高建筑物的智能化系统集成，为实现智慧城市奠定基础。

火灾自动报警系统由触发器件(探测器、手动报警按钮)、火灾报警装置、火灾警报装置及消防联动控制系统组成，实现建筑的火灾自动报警及消防联动功能，如图2-13所示。

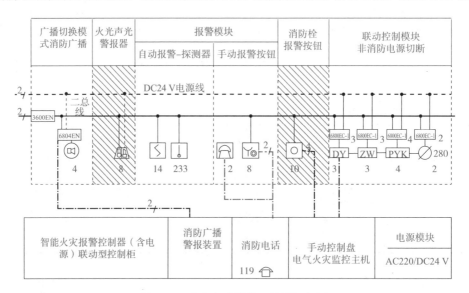

图2-13 火灾自动报警系统原理框图

火灾自动报警系统主要具有火灾的声、光信号报警；具备故障自动监测功能；线路发生故障，系统会发出报警信号，对探测器、报警回路进行自检，确保系统处于正常状态；在线路敷设时，应选择钢管敷设，具有防火、屏蔽的效果。

火灾自动报警装置由微处理器组成，系统规模越来越大，最大地址数上万个，采用CAN总线卡，可组成60台以下网络型火灾自动报警系统，将系统运行信息及数据上传给智慧消防物联网云平台。目前，火灾探测器采用模糊数学和模式识别法，系统设置趋向信息化、数字化、智能化，满足多样性的建筑空间。

二、建筑物火灾自动报警系统保护等级的划分

1. 建筑物的等级划分

随着高层建筑的增多，建筑体量的增大，建筑装饰材料的易燃性，现代建筑发生火灾的概率增多。按规范划分建筑物的类别及防护等级，是火灾自动报警设计的第一步。按照《火灾自动报警系统设计规范》(GB 50116—2013)和《建筑设计防火规范》(GB 50016—2014)

(2018 年版)的有关规定，建筑物根据其性质、火灾危险程度、疏散和救火难度等因素，可将火灾自动报警系统的保护对象分为特级、一级和二级。

（1）特级：建筑物高度超过 100 m 的高层民用建筑。

（2）一级：高度不超过 100 m 的一类高层民用建筑；建筑高度不超过 24 m 的民用建筑及超过 24 m 的单层公共建筑，如病房楼、门诊楼、图书馆、体育馆、科研楼、广播电视楼、电力指挥调度楼、文物保护场所、会堂等及地下民用建筑；工业建筑：甲、乙类生产厂房，物品库房。

（3）二级：高度不超过 100 m 二类高层民用建筑；建筑高度不超过 24 m 的高层民用建筑。有空气调节系统或每层建筑面积超过 2 000 m^2 的公共建筑，如病房楼、门诊楼、图书馆、体育馆、科研楼、广播电视楼、电力指挥调度楼、文物保护场所、会堂等及地下民用建筑；工业建筑：丙类生产厂房，物品库房。

建筑物内火灾发展有 4 个阶段，即初起阶段、成长阶段、旺盛阶段和衰减阶段。对于火灾的探测主要在于初起阶段和成长阶段的早期发现火灾苗头。

2. 点型火灾探测器的设置

火灾探测器是火灾自动报警系统的检测元件，民用建筑常用的有感烟探测器、感温探测器、可燃气体探测器、火焰感烟探测器 4 种，可利用电子编码器完成地址码编辑。火灾探测器能够将火灾发生初期所产生的烟、热、光转变为电信号输入火灾自动报警系统，经过处理后，发出报警或相应的动作。由于建筑场所的多样性，到目前为止，没有一种单独的火灾探测器可有效、全面地探测各类火情，适合各类空间，因此，需要根据各种不同场所选择不同类型的探测器，以提高探测火情的有效率，减少漏报或误报。另外，复合型探测器的出现正是适应这一发展需要开发研制。研发的差定温复合探测器、光电感温复合探测器、离子复合探测器，可全面探测报警，增加可靠性；还有新型火灾探测器，如激光图像火焰探测器、一氧化碳探测器，感知面广，灵敏度高，耗电量少等。与传统探测器相比，报警时间早，误报率低。火灾探测器的分类见表 2-7。

表 2-7　火灾探测器的分类

感烟火灾探测器	点型	离子式	可燃气体探测器	气敏半导体型
		光电式		铂丝型
		电容式		铂铑型
	线型	半导体式		光电型
		红外线光束式		固体电解质型
感温火灾探测器	点型	定温式	复合火灾探测器	感烟、感温型
		差温式		感温、感光型
	线型	定温式		感烟、感温、感光型
		差温式		红外线感烟感温型
感光火灾探测器	紫外线型		其他	超声波型
				微差压型
	红外线型			静电感应型
				漏电流感应型

建筑物内点型探测器的布置，不仅与探测器的类型、建筑物的房间功能相关，也与结构的梁高、设备管道安装有密切的关系，设计时需要综合考虑。参考《火灾自动报警系统设计规范》（GB 50116—2013），每个独立房间至少布置一只火灾探测器，探测区域内所需的探测器数量不应小于式(2-1)的计算值：

$$N = \frac{S}{K \cdot A} \tag{2-1}$$

式中　N——探测器数量（只），N 应取整数；

　　　S——该探测区域面积（m^2）；

　　　K——修正系数，容纳人数超过 10 000 人的公共场所宜取 0.7～0.8；容纳人数为 2 000～10 000 人的公共场所宜取 0.8～0.9，容纳人数为 500～2 000 人的公共场所宜取 0.9～1.0，其他场所可取 1.0；

　　　A——探测器的保护面积（m^2）。

三、火灾自动报警系统形式

火灾自动报警控制器是火灾自动报警系统的中枢，接收信号并作出分析判断，一旦发生火灾，立即发出火警信号并控制消防设备的动作，有区域火灾报警控制器和集中火灾自动报警控制器两种设备类型。区域火灾报警控制器单一检测回路，容量小，无联动控制功能；集中火灾自动报警控制器多个检测回路，容量大，有联动控制功能。智能建筑中常采用集中火灾自动报警控制器。根据保护对象不同，系统有 3 种形式，见表 2-8。

表 2-8　火灾自动报警系统形式

报警系统形式	适用范围	保护对象
区域火灾报警系统	区域报警区域宜设置 1 台区域报警控制器或 1 台火灾报警控制器	宜用于二级保护对象
集中火灾自动报警系统	系统中应设置 1 台集中报警控制器和 2 台及以上区域火灾报警控制器，或设置 1 台火灾报警控制器和 2 台及以上区域显示器	宜用于一、二级保护对象
控制中心报警控制系统	系统中至少应设置 1 台集中火灾报警控制器、1 台专用消防联动控制设备和 2 台及以上区域火灾报警控制器；或至少设置 1 台火灾报警控制器、1 台消防联动控制设备和 2 台及以上区域显示器	宜用于特级、一级保护对象

四、消防设施的联动控制

消防联动设备的作用是有效地防止火灾蔓延，便于人员及财物的疏散，尽量减少火灾造成的损失。消防水泵、防烟和排烟风机等控制设备是在应急情况下实施火灾扑救、保障人员疏散的重要消防设备，除应采用联动控制方式外，还应在消防控制室设置手动直接控制装置。针对建筑消防工程，若不具备任何联动功能是没有实际意义的。

1. 消防联动控制功能

消防联动系统包括消防供水系统，消火栓灭火系统，自动喷水系统，气体灭火系统，泡沫灭火系统，电动防火卷帘，防烟、排烟，电梯控制系统，消防排水系统。

消防联动设备是火灾自动报警系统的重要控制对象，联动控制的正确可靠与否，直接影响火灾扑救工作的成败。防排烟设施控制，如防排烟阀、电动阀、防火门、防火卷帘、排烟风机、加压风机、空调设备等的控制。灭火系统控制，如消火栓系统、自动喷水系统和气体自动灭火系统的控制。消防电梯控制主要有火灾事故广播设备的控制，消防通信向消防部门发出信号。

2. 消防联动控制方式

消防控制设备的控制方式应根据建筑的形式、工程规模、管理体制及功能要求综合确定，单体建筑宜采用集中控制，如图 2-14 所示。大型建筑群宜采用分散与集中相结合，无论哪种方式应将被控对象执行动作信号送至消防控制室。消防控制设备的控制电源及信号回路宜采用直流 24 V。

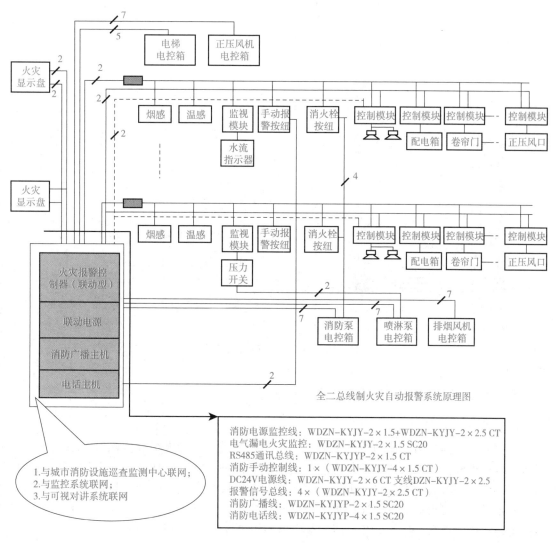

图 2-14　消防设备联动控制原理图

3. 消防控制室(中心)

消防控制室内设备的布置应考虑操作空间，其布置如图 2-15 所示。消防控制室的门应向疏散方向开启，入口处有明显标志。消防控制室送、回风管在其穿墙处设置防火阀。严禁无关的线路通过，不应布置在电磁干扰强的场所附近。灯具应采用无眩光，线路连接在应急照明回路上，室内环境按智能建筑环境要求设计。火灾自动报警系统可单独设置，也可与 BA、SA 系统合用控制室，但必须占独立的区域，且相互之间不产生干扰。

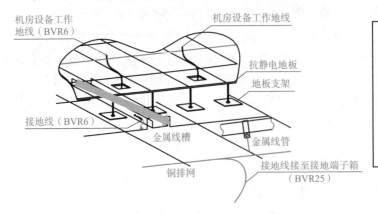

弱电机房桥架布置说明：

　　弱电布线为下走线形式，桥架采用 200 mm×50 mm；静电地板下架空安装。布线尽力避免交叉，跨越现象。保证布线整齐美观。机柜间布线严格按照机柜距离顺序排列，保证线缆不交叉，按顺序整齐叠放

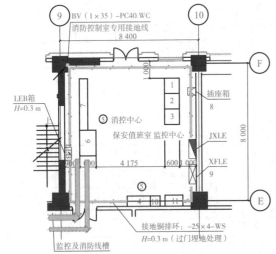

设备对照表：

序号	符号	名称	型号规格	数量	长×宽×高	备注
1	JB	火灾报警控制柜	见火警系统图	1	600×600×1 800	柜式
2	XKP	消防联动控制柜	见火警系统图	1	600×600×1 800	柜式 带外控浮充稳压电源
3	GB	广播.火警电话屏	见火警系统图	1	600×600×1 800	柜式
4		计算机桌	甲方自理	1		
5		转椅	甲方自理	2		
6		CCTV监控台	集成商配置	1		落地式
7		监视屏柜	集成商配置	1		落地式
8		嵌入式插座箱	箱内装GKB4/10USX6	1		嵌墙式 底边距地 0.3 m
9		消防配电箱（XFLE）		1		嵌墙式 底边距地 1.5 m
10		中央电池主站	集成商配置	1	600×600×1 800	落地式
11		联动控制柜（琴台式）	集成商配置	1	1 080×640	落地式

图 2-15　消防控制室设备布置图

五、火灾应急广播，消防电话及警报装置

1. 火灾应急广播

　　火灾应急广播是消防联动控制中的一类重要安全设备，起组织火灾区域人员安全、有序地疏散撤离和指挥灭火的作用。应急广播系统有两种方式，即独立的和合用的系统，目前广泛采用合用方式。控制方式可采用集中控制、模块分层控制和独立控制方式；控制中心报警系统应设置火灾应急广播；集中报警系统宜设置火灾应急广播。应急广播主要设置在民用建筑内走道和大厅等公共场所，扬声器不小于 3 W。若环境噪声大于 60 dB，播放范围最远点应高于背景噪声 15 dB。酒店客房内扬声器不小于 1 W，可与公共广播合用。

2. 消防专用电话

　　消防专用电话网络应为独立的消防通信系统。消防控制室设置消防专用电话总机，宜选择供电式总机或对讲通信电话设备。在消防水泵房、备用发电机房、配变电室、主要通风和空调机房、排烟机房、消防电梯机房及与消防联动有关的经常有人值班的场所，灭火控制系统操作装置处和总控制室等处应设置消防专用电话分机。

设有手动火灾报警按钮、消火栓按钮等处宜设置电话插孔，特级保护对象的各避难层每 20 m 设置一个消防专用电话分机或电话塞孔。消防控制室、消防值班室或企业消防站等处，应可直接报警的外线电话。

3. 火灾警报装置

未设置火灾应急广播的火灾自动报警，应设置火灾警报装置。每个防火分区至少应设置一个火灾警报装置，位置宜设在走道口靠近楼梯出口处，采用手动或自动控制方式。

六、系统产品介绍

火灾自动报警系统产品繁多，在选用时应注意产品稳定、可靠、安全。技术上具有一定的先进性和可扩展性，功能完善便于维护。价格合理，符合要求。产品通过国家消防电子产品质量检验中心检验合格。

（1）上海松江飞繁电子有限公司，主要产品：火灾报警控制器，消防电话及广播音响系统，电气火灾报警系统；JB-QB-9000 型，有柜式、台式，采取二总线制，地址编码型，目前最大 48 回路，每回路 252 点，共计 12096 个地址。HJ-9402 消防应急广播，有嵌入式、壁挂式，火灾时可自动切换；HJ-1756 总线式电话主机，60 门。主要工程有上海龙柏饭店、西郊宾馆、虹桥迎宾馆、上海电视台、锦江饭店。

（2）北京利达防火保安设备有限公司，主要产品：LD128E 系列集中报警控制器，二总线制智能化系统，彩色液晶显示器，触摸屏技术，火灾事故广播（总线智能广播），消防电话（总线智能电话）。主要工程有北京王府井老福爷百货、北京王府井天元利体育商厦、北京空港配餐有限公司、首都机场候机楼。

（3）中国原子能科学研究院电子仪器厂，主要产品：J1000、J800 系列火灾报警控制器，四总线火灾报警系统，J900 系列二总线火灾报警系统。主要工程有北京武警总部大楼、北京丽都饭店、北京京信大厦。

（4）南京消防（集团）公司，消防电气控制器、气体灭火控制器、消防通信系统。H9400 系统是主要采用分布智能技术、多元探测技术、人工神经智能信号处理技术和系统集成技术制造的光电感烟感温复合型火灾报警系统，具有领先的科技水平和应用价值。主要工程有南京中央商场、南京市建筑设计院、东南大学设计院、南京鼓楼商场。

（5）秦皇岛海湾安全技术有限公司，主要产品：GST－500、GST－5000 火灾报警系统，大屏幕液晶显示器，分布智能式，探测器及模块均内置微处理器，有网络化接口。主要工程有义乌小商品城、红会医院、杭州海华大酒店等。

（6）美国江森自控公司（Johnson Automation Control），主要产品：IFC－2020 智能消防报警控制系统，有区域报警控制装置，监视模块、控制模块和隔离模块提供联动控制，每个系统可接 990 个探测器和 990 个功能模块，并可接入 BAS 系统。主要工程有福州国际贸易广场、哈尔滨第三发电厂、上海国际商厦等。

（7）美国霍尼韦尔公司（Honeywell），主要产品：FS－90 火灾报警控制系统，可接入 BAS 系统。主要工程有上海国际购物中心、上海解放日报社、深圳发展中心等。

（8）Acrel－6000 电气火灾监控系统是用于接收剩余电流式电气火灾监控探测器现场设备信号，实现对被保护电气线路的报警、监视、控制、管理的系统。该系统适用于智能楼宇、高层公寓、宾馆、工矿企业、国家重点消防单位，以及石油化工、文教卫生、金融电信等领域，对分散在建筑内的探测器进行遥测、遥调、遥控、遥信，方便实现监控与管理。

一、项目说明

本项目为商业综合体，将成为现代商业业态齐全、综合功能积聚、科技创新的公共活动场所。其规划平面如图1-1所示，园区规划28栋单体，其中1#楼为多层建筑，底层商业，其余为办公场所，建筑面积为5 382 m²，1号楼一层建筑平面图见本节例图2。

二、任务要求

(1)依据项目，确定火灾自动报警系统及联动控制的子项。

(2)根据图纸，归纳图例符号，梳理主要设备材料表。

(3)完成一层建筑平面图火灾自动报警系统设计方案。

三、识图指导

1. 识图练习

(1)施工图读图要素。火灾自动报警系统施工图是现代建筑电气施工图的重要部分，由火灾自动报警系统图和火灾自动报警平面图组成。火灾自动报警系统是反映系统的基本组成形式、控制设备和元件之间的相互关系的图。

读懂施工图需要关注平面图、系统图和施工总说明；了解系统控制形式，总线传输方式、元件及材料选择；理解消防联动控制设计与建筑设备逻辑关系。

(2)图例符号识别。正确识别图例是读懂建筑施工图的第一步，电气施工图上的各种元件及线路敷设均是用图例符号和文字符号来表示，识图的基础是首先要明确和熟悉有关电气图例与符号所表达的内容和含义。常用线路敷设方式及适用场所见表2-9、表2-10。

表2-9 线路敷设方式标注的文字符号

敷设方式	新符号	敷设方式	新符号
穿低压流体输送用焊接钢管（钢导管）敷设	SC	电缆托盘敷设	CT
穿普通碳素钢电线套管敷设	MT	金属槽盒敷设	MR
穿硬塑料导管敷设	PC	塑料槽盒敷设	PR
穿阻燃半硬塑料导管敷设	FPC	直埋敷设	DB
穿塑料波纹电线管敷设	KPC	电缆沟敷设	TC
穿可挠金属电线保护套管敷设	CP	电缆排管敷设	CE
电缆梯架敷设	CL	钢索敷设	M

表 2-10　消防工程常用绝缘导线型号及适用场所

名称	型号	适用场所
阻燃铜芯塑料线 耐火铜芯塑料线	ZR-BV NH-BV	适用于交流 500 V 以下，直流 1 000 V 以下室内较重要措施固定敷设
铜芯辐照交联低烟无卤阻燃聚乙烯绝缘布电线	WL-BYJ(F)	新一代阻燃型产品，具有优异的阻燃、低烟、低毒性能，克服了传统的含卤聚合物燃烧时产生大量烟雾使人窒息和腐蚀仪器设备的缺陷；
多股软铜芯辐照交联低烟无卤阻燃聚乙烯绝缘电线	WL-RYJ(F)	适用于额定电压 450/750 V 及以下，有无卤、低烟、阻燃要求且安全环保要求高的场所，如高层建筑、车站地铁、机场、医院、大型图书馆、体育馆、住宅、宾馆、办公大楼、学校、商场等人员密集场所
辐照交联低烟无卤聚乙烯绝缘护套电力电缆	WL-YJ(F)V	
铜芯聚氯乙烯绝缘聚氯乙烯护套控制电缆	KVV	用途：电器、仪表、配电装置信号传输、控制、测量；
铜芯聚氯乙烯绝缘钢带铠装聚氯乙烯护套控制电缆	KVV22	敷设在室内、电缆沟、管道直埋等能承受较大机械外力的固定场合

如 ZR-BV-4 表示导线截面为 4 mm² 的阻燃铜芯塑料线；NH-BV-10 表示导线截面为 10 mm² 的耐火铜芯塑料线。表 2-11 为火灾自动报警系统图例符号。

2. 火灾自动报警系统设计要素

依据《火灾自动报警系统设计规范》(GB 50116—2013)及验收规范，火灾自动报警与消防联动控制系统设计主要系统包括：火灾自动报警系统；消防联动控制系统；火灾应急广播系统；消防专用电话系统；电梯运行监视控制系统；急照明控制及消防系统接地。

设计要素如下：

(1)依据建筑类别及功能选择报警控制方式。

(2)探测器设置部位。如办公室、会议室、楼梯间、走廊等场所设置感烟探测器；开水间、吸烟室等平时烟尘较大的场所设置感温探测器；中厅设置红外光束感烟探测器。对特别重要的电信机房、计算机房等场所采用空气采样早期烟雾探测系统，其探测系统可通过开放协议的接口设备与传统报警系统连接。在主要出入口、疏散楼梯口及人员通道上适当位置设置手动报警按钮及消防对讲电话插口。

(3)设置消防联动控制。其控制方式可分为自动/手动控制、手动硬线直接控制。通过联动控制台可实现对消火栓系统、自动喷水系统、防排烟系统、正压送风系统、防火卷帘门、火灾应急广播、火灾应急照明等的监视及控制。火灾发生时可手动/自动切断空调机组、通风机及其他非消防电源。

(4)火灾应急广播系统。在大会议室、走廊、楼梯间、电梯厅等公共场所设置火灾应急广播扬声器。当火灾发生时，启动火灾应急广播。

(5)消防专用电话系统。在消防水泵房、变配电室、防排烟风机房、电梯机房、冷冻机房、建筑设备监控中心、管理值班室等设备机房设有消防专用电话分机；在消防控制室内设置消防专用直通对讲电话总机；在手动报警按钮上设置消防专用电话塞孔；消防专用电话网络为独立的消防通信系统。

表 2-11 火灾自动报警系统图例符号

图例	名称	备注	图例	名称	备注
⊞	楼层接线箱		○SL	液位传感器（位于水箱间）	给水排水提供
S	智能型烟感探测器	吸顶安装	⊠	消火栓	给水排水提供
I	智能型温感探测器	吸顶安装	Ⓛ	水流指示器和监控阀	给水排水提供
Y	手动报警按钮+消防电话插孔	底边离地1.4 m壁装	◐	280 ℃防火防烟阀（FVDH）	空调专业提供
⚮	声光报警器	底边离地2.2 m壁装	⦸	70 ℃防火阀（FVD）	空调专业提供
K	控制模块	离地2.5 m壁装/控制箱内/吊顶内	●	电动防火阀（BED）	空调专业提供
M	信号模块	离地2.5 m壁装/控制箱内/吊顶内	JL	防火卷帘控制器	卷帘门侧壁装顶装
G	吸顶式消防广播	嵌顶安装	PLB	喷淋泵控制柜	见强电
▽	挂壁式消防广播	离地2.2 m明装	XFB	消防泵控制柜	见强电
☎	消火栓按钮	安装于消火栓箱内	PYFJ	消防风机控制柜	见强电
▣	火灾报警电话机	底边离地1.4 m壁装	FI	楼层显示器	底边离地1.4 m壁装
□	非消防电源配电箱	见强电			
◣	应急照明配电箱	见强电			

(6)应急照明系统。应急照明采用专用回路双电源配电,并在末端互投,其连续供电时间不小于 30 min。应急照明系统干线采用矿物绝缘电缆;支线采用耐火导线穿钢管或经阻燃处理的硬质塑料管暗敷于不燃烧体的结构层内,且保护层厚度不宜小于 30 mm。

所有楼梯间及其前室、疏散走廊、变配电室、水泵房、防排烟机房、消防控制室、通信机房等重要场所设置备用照明。疏散走廊、公共出口设置疏散照明。

应急照明平时采用就地控制或由建筑设备监控系统统一管理,火灾时由消防控制室自动控制强制点亮全部应急照明灯。

(7)消防电源及接地。消防用电设备的配电装置均采用专用回路双电源供电,并在末端配电装置处设置自动切换装置。

消防系统接地利用大楼综合接地装置作为其接地极,设置独立引下线。引下线采用 BV-1×35 mm² 穿 PC40 管暗敷,综合接地电阻不大于 1 Ω。

(8)消防系统线路的选型及敷设方式。传输干线采用防火金属线槽,在弱电间、吊顶内明敷,支线采用穿钢管或经阻燃处理的硬质塑料管保护,暗敷于不燃烧体的结构层内,且保护层厚度不宜小于 30 mm。

消防系统内的各种线路均应按设计要求采用铜芯绝缘导线或电缆,耐压等级不低于 500 V,并应符合现行国家标准《火灾自动报警系统施工及验收标准》(GB 50166—2019)的规定。

3. 火灾探测器的安装与调试

(1)火灾探测器的安装。一般规定,探测区域内的每个房间至少应布置一只探测器。各类型探测器的保护面积和保护半径与探测区域的面积、高度及屋顶坡度见表 2-12。

表 2-12 感烟、感温探测器的保护面积和保护半径

火灾探测器的种类	地面面积 S/m^2	房间高度 h/m	一只探测器的保护面积 A 和保护半径					
			屋顶坡度 θ					
			$\theta \leq 15°$		$15° < \theta \leq 30$		$\theta < 30°$	
			A/m^2	R/m	A/m^2	R/m	A/m^2	R/m
感烟探测器	$S \leq 80$	$h \leq 12$	80	6.7	80	7.2	80	8.0
	$S < 80$	$6 < h \leq 12$	80	6.7	100	8.0	120	9.9
		$h \leq 6$	60	5.8	80	7.2	100	9.0
感温探测器	$S \leq 30$	$h \leq 8$	30	4.4	30	4.9	30	5.5
	$S > 30$	$h \leq 12$	30	3.6	30	4.9	40	6.3

(2)系统调试。火灾自动报警及联动系统调试必须由有资格的专业技术人员担任。探测器地址码可通过编码器实施,安装完成由生产厂工程师或专业人员担任,其资格审查由公安消防监督机构负责。火灾探测器及模块与消防主机的接线操作可通过图 2-16 所示的电路模拟实现。

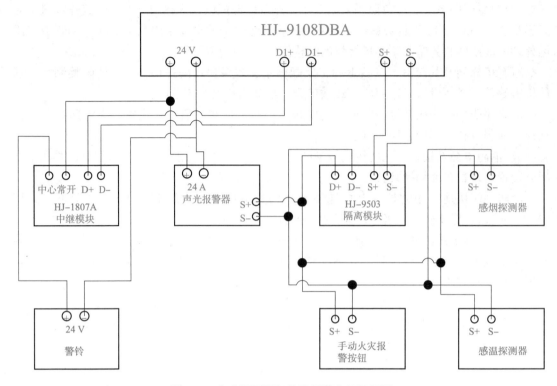

图 2-16　火灾探测器与消防报警主机接线图

四、课堂思考题

按照消防工程——火灾自动报警系统要求完成下列内容。

1. 考核目标
(1)使学生熟悉和掌握整套消防联动报警系统；
(2)培养学生的动手能力和反应能力。

2. 消防报警联动系统模拟
(1)主要通道上设置手动报警按钮和报警设备；
(2)说明潮湿场所选择探测器的类型；
(3)说明配电房配置探测器的类型；
(4)说明公共场所及办公室设置探测器的类型；
(5)说明排烟风机、消防泵联动-多线控制模式；
(6)背景音乐和消防广播配置形式；
(7)在主要通道安装消防警铃；
(8)说明任意一探测器触发后，联动声光报警器响应。

结合建筑物类型，以小组方式讨论：公共建筑、居住类建筑设置火灾自动报警系统的适用场所，同时说明与其他智能化系统如何联动控制。参考规范《火灾自动报警系统设计规范》(GB 50116—2013)、《建筑设计防火规范(2018年版)》(GB 50016—2014)和《火灾自动报警系统设计规范》图示(14X505—1)。

请将讨论成果写下来。

火灾自动报警系统探测器触发原理：

下列场所设置火灾自动报警系统的条件：

1. 住宅建筑附设的底商

2. 养老院、幼儿园等场所

3. 图书馆等人员密集场所

4. 民航机场等高大建筑

消防系统联动措施：

1. 火灾自动报警系统与安全技术防范系统的联动设施：

2. 火灾自动报警系统与建筑设备管理系统的联动设施：

3. 紧急广播系统与信息发布及疏散导引系统的联动设施：

4. 基于建筑信息模型(BIM)的分析决策支持系统：

例图 1：火灾自动报警系统图(局部)。

由图 2-17 可知，火灾自动报警系统图是反映系统的基本组成、设备和元件之间的相互关系。通过标注了解各层设置感烟、感温探测器及手动报警按钮、报警电铃、控制模块、输入模块、水流指器、信号阀等。

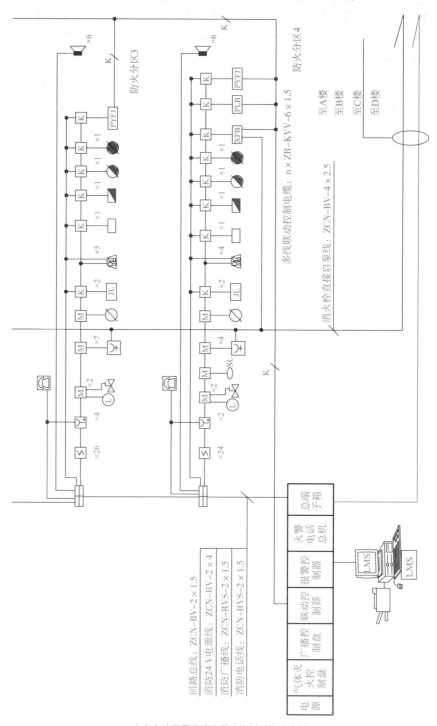

火灾自动报警及消防联动控制系统干线图

图 2-17 火灾自动报警系统图

例图2：在一层建筑平面图中模拟设置探测器、手动报警按钮、应急广播等消防设施，如图 2-18 所示。

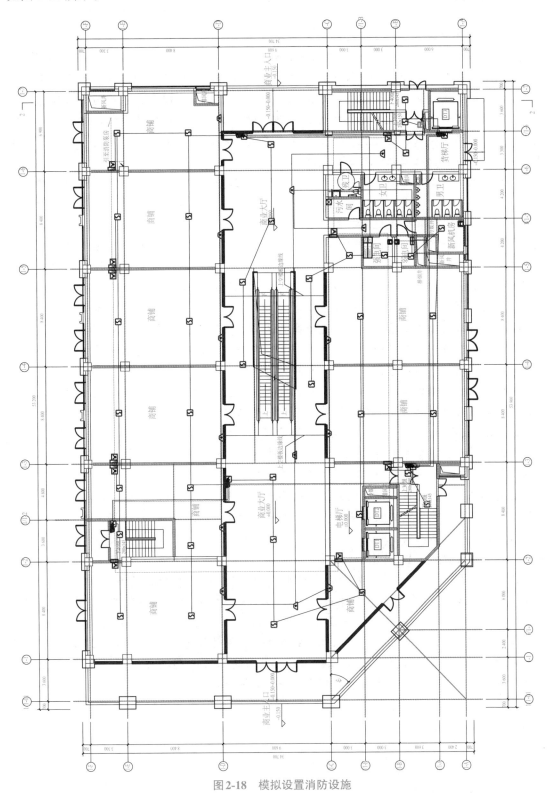

图2-18　模拟设置消防设施

建筑公共安全系统设计主要包括火灾自动报警系统、安全技术防范系统和应急响应系统。该项目设置多个子系统，包括视频安防监控系统、出入口控制系统、入侵报警系统、访客对讲管理系统、电子巡更系统等，各个子系统将通过系统集成的方式统一至一个安防监控管理平台，安防系统控制室需要设置110报警，且安防监控系统预留与公安监控网络的接口。考虑居住区域，设有周界报警、巡更、出入口管理等安保子系统，可有效地应对建筑内火灾、非法侵入、自然灾害、重大安全事故等危害人们生命和财产安全的各种突发事件，并应建立应急及长效的技术防范保障体系。

　　因地制宜设计视频安防监控系统，距离较远的区域（300 m）及办公楼10层以上部分的摄像机采用单模光纤和光端机进行视频传输，以避免视频信号衰减影响监视图像质量，同时，也可减少大量同轴电缆进入控制室。光端机采用数字式，可接入1/2/4/8路视频信号，光端收/发机分别设置在楼层弱电间和控制室。视频安防监控系统需要与门禁管理系统、紧急报警系统等进行联动控制。住宅访客对讲呼叫是住户安全的重要屏障，设计时住宅楼采用套装门口机，终端到各户。各户内设置紧急求助按钮，1、2层住户设置家庭安防装置（门、窗磁红外探头等），信号传输至区域控制中心。停车库管理系统停车库管理系统是智慧社区合理管控的重要因素之一，也是提高社区品质的亮点，系统设计加入车牌识别功能、车位引导子系统确保停车安全，当发生火灾时，智能管理软件收到消防报警信号后，可向所有的受控门发送开门信息，让所有门开启。

　　消防工程应依据建筑物类别开展，设计与安装时应充分考虑与建筑防火、结构体系及建筑设备管理系统配合。火灾自动报警系统是消防工程的重要一环，根据《火灾自动报警系统设计规范》（14X505—1）及国标图集设计时应考虑，按不同的使用功能场所分别设置感烟、感温或复合式火灾报警探测器，以及手动报警按钮、消防电话、火警广播。报警控制器预留RS232通信接口，能将有关信号传输到BA系统。

　　智慧社区的建设公共安全系统是重要组成部分，子系统宜采用多种感应技术互为合成的技术方式，以适应实施公共安全防范整体化、系统化的大平台、大数据、大安防的技术防范系列化策略，从而实现家居（home）、建筑（building）、社区（site）、城市（city）信息化、数字化的呈现（BIM＋GIS＋CIM＋IOT）。

　　公共安全系统设计应符合现行国家标准《火灾自动报警系统设计规范》（GB 50116—2013）、《建筑设计防火规范（2018年版）》（GB 50016—2014）、《安全防范工程技术标准》（GB 50348—2018）、《入侵报警系统工程设计规范》（GB 50394—2007）、《视频安防监控系统工程设计规范》（GB 50395—2007）和《出入口控制系统工程设计规范》（GB 50396—2007）的有关规定。同时，关注标准图集《综合布线系统工程设计与施工》（20X101—3）、《建筑设备管理系统设计与安装》（19X201）、《火灾自动报警系统设计规范》（14X505—1）。

一、简答题

1. 简述火灾自动报警系统的组成及功能。

2. 简述火灾探测器的类型及用途。

二、选择题

1. 火灾自动报警系统一个报警区域宜由(　　)个防火分区或同层相邻几个防火分区组成。

　　A. 1　　　　　　B. 2　　　　　　C. 4　　　　　　D. 多

2. 火灾探测器的布置，当房间被书架、设备或隔断等分隔，其顶部至顶棚或梁的距离小于房间净高的(　　)时，每个被隔开的部分至少应安装1只探测器。

　　A. 5%　　　　　B. 10%　　　　　C. 15%　　　　　D. 20%

3. 消防控制设备对自动喷水和水喷雾灭火系统应有(　　)等控制、显示功能。

　　A. 控制系统的启、停

　　B. 显示消防水泵的工作、故障状态

　　C. 末端试水出口压力

　　D. 显示水流指示器、安全信号阀的工作状态

　　E. 报警阀

4. 有一地面面积为50 m×24 m的一般性仓库，其屋顶坡度为0°，房间高度为7 m，使用感烟探测器保护，试问：(1)应设置多少只探测器？(2)画出平面布置图。

参考：《火灾自动报警系统设计规范》(GB 50116—2013)，一个探测区域内所需设置的探测器数量不应小于下式的计算值：

$$N=\frac{S}{K\cdot A}$$

5. 下列属于火灾探测报警系统的组件的是(　　)。

　　A. 火灾报警控制器　　　　　　　　B. 触发器件

　　C. 消防联动控制器　　　　　　　　D. 消防电动装置

　　E. 火灾警报装置

6. (　　)是由可燃气体报警控制器、可燃气体探测器和火灾声警报器组成的，能够在保护区域内泄漏可燃气体的浓度低于爆炸下限的条件下提前报警，从而预防由于可燃气体泄漏引发的火灾和爆炸事故的发生。

　　A. 火灾探测报警系统　　　　　　　B. 消防联动控制系统

　　C. 可燃气体探测报警系统　　　　　D. 电气火灾监控系统

7. 火灾自动报警系统的主电源应采用(　　)。

　　A. 消防电源　　　B. 动力电源　　　C. 照明电源　　　D. 直流电流

8. 一火灾自动报警系统产生误报，产生误报的原因主要有(　　)。

　　A. 产品技术指标达不到要求，稳定性比较差

　　B. 探测器选型不合理

　　C. 使用场所性质变化后未及时更换相适应的探测器

　　D. 电磁环境干扰

　　E. 停电

项目三 建筑设备管理系统

项目目标

1. 了解智能化系统监控对象，掌握建筑设备管理系统工程设计与实施；
2. 熟悉工程需求分析要素，能够确定系统控制方案；
3. 能够简单绘制监控原理图及平面图监控点；
4. 熟悉监控系统及设备选项。

能力目标

理论要求：

1. 了解 DDC、传感器及执行机构与通信协议基础知识；
2. 掌握 BMS 监控知识及监控原则；
3. 熟悉建筑设备(水、暖、电等)监控原理及监控流程。

技能要求：

1. 根据冷冻、空调、变配电、热力、给水排水等相关专业提供的设计条件(资料)及投资情况、功能内容，确定 BAS 建设规模；
2. 确定建筑设备管理系统子系统的组成方案、功能及技术要求；
3. 具有选择现场设备的传感器和执行机构的能力；
4. 根据采集监控点数和分布情况确定分站的监控区域、分站设置的位置，统计整个楼宇所需分站的数量、类型及分布情况，实施布线。

思政要求：

回顾我国智能化的发展历程，通过对建筑设备系统中各个组成部分相互协调统一的关系的理解，培养学生的全局观。

项目流程

1. 授课教师以典型案例发放的案例，识别施工图；
2. 确定建筑设备管理系统配置等级；
3. 绘制 BAS 平面图，确定控制分站、传感器及执行机构在现场的安装位置；
4. 完成设计文件；以小组为单位在班级进行答辩、交流；学生和教师互相对内容进行点评与打分，最终汇总个人成绩；
5. 参考课时：16 课时；
6. 学习资源：

DDC 组态
软件练习

智能楼宇设备监
控实训练习

BAS 系统的
设计流程

一、项目案例

项目概况：基地位于医学园区，其规划目标为周边医院提供配套的公共服务，建成后成为现代商业业态齐全、综合功能积聚、办公服务完善的区域。某医学园区总平面图如图3-1所示。建筑组群由两幢商业建筑和两幢办公建筑组成。

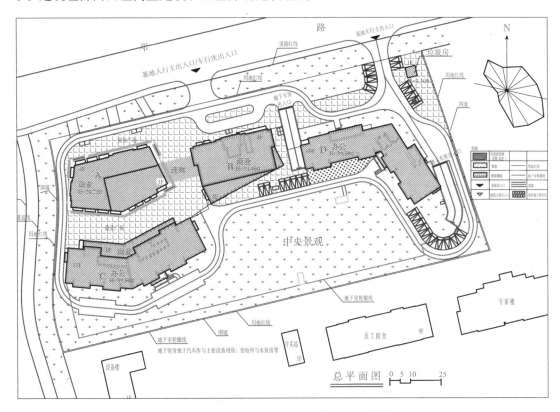

图 3-1 某医学园区总平面图

二、工程需求分析

本项目基地地处上海医学核心区，其规划目标为周边医院配套的公共服务功能，随着医院区的规划新建，将成为医院配套服务区的标志性建筑群。设计中体现"高效节能、高端定位、绿色环保"的特色。弱电智能化系统设计范围包括如下子系统：综合布线系统、视频监控系统、有线电视系统、背景音乐系统、报警系统、医护对讲系统、移动看护系统、建筑设备监控系统、建筑能耗监管系统、停车管理系统、机房装修。其主要实现以下功能：

(1)实现建筑内各种机电设备的自动控制和管理；

(2)降低建筑的营运成本；

(3)延长机电设备的使用寿命及提高建筑安全性。

本项目建筑设备管理系统为使用者提供安全、高效、节能、舒适的建筑环境，主要体现在空调系统、给水排水系统和照明系统的设备监控与管理设计。系统硬件设备和软件的配置采用结构化、模块化、标准化，且具有良好的可扩展性和开放性的产品，并充分考虑系统内各子系统或设备之间的相互通信及适度的系统集成。依据《智能建筑设计标准》(GB 50314—2015)，疗养院智能化系统配置见表 3-1。

表 3-1 疗养院智能化系统配置表

智能化系统		综合性疗养院	商业区域	办公区域	停车库
信息化应用系统	公共服务系统	＊	＊	＊	＊
	智能卡应用	＊	＊	＊	＊
	物业管理系统	＊	＊	＊	＊
	信息设施运行管理系统	＊	＊	＊	＊
	信息安全管理系统	＊	＊	＊	＊
	通用业务办公系统	-	＊（商务区）	—	＊（停车库管理系统）
	专用业务办公系统 医疗业务信息化系统	＊	—	＊	—
	医用探视系统	＊	—	—	—
	护理呼应系统	＊	—	—	—
	候诊排队叫号系统	＊	—	—	—
智能化集成系统	智能化信息集成平台	＊	＊	＊	—
	集成信息应用系统	＊	＊	＊	—
信息设施系统	信息接入系统	预留	预留	预留	
	综合无线覆盖系统	＊	＊	＊	＊
	卫星电视及共用天线接收系统	＊	＊	—	—
	综合布线系统	＊	＊	＊	＊
	闭路电视监视系统	＊	＊	＊	＊
	用户电话交换系统	＊	＊	＊	—
	信息网络系统	＊	＊	＊	
	背景音乐广播系统（与紧急事故广播系统结合）	＊	＊	＊	＊
	信息发布和查询系统	＊	＊	＊	预留
	时钟系统	＊	＊	＊	
	会议系统	＊	＊	＊	—
	内部无线对讲系统	＊	＊	预留	＊

智能化系统		综合性疗养院	商业区域	办公区域	停车库
建筑设备管理系统	建筑能效管理系统	＊	＊	＊	＊
	楼宇设备控制系统	＊	＊	＊	＊
公共安全系统	火灾自动报警系统	＊	＊	＊	＊
公共安全系统	安全技术防范	入侵报警系统	＊	＊	＊	—
		视频安防监控系统(与停车管理系统结合)	＊	＊	＊	＊
		门禁系统	＊	＊	＊	—
		访客管理系统	＊	＊	＊	—
		巡更系统	＊	＊	＊	＊
		停车库管理系统	—	—	—	＊
	安全防范管理平台	＊	＊	预留	
	紧急报警系统	＊	＊	＊	＊
机房工程	信息接入机房	＊	＊(合)		—
	有线电视前端机房	＊	＊	预留	—
	信息设施总配线机房	＊	＊(合)		—
	智能化总控室	＊	＊	并到地下室物业管理＊	

三、系统设计思路

(1)确定各子系统组成方案、功能及技术要求;建立优化运行的目标控制模型和目标函数,选用一种算法进行控制参数求解,将优化后的控制参数送入控制系统进行控制,达到监控节能的目标。暖通空调是智能化系统最主要监控的系统,对于空调机组的控制优化,目前,多采用自适应控制的方式有效实现空调机组的精细化控制。

(2)确定 BAS 规模,根据冷冻、空调、变配电、热力、给水排水等相关专业提供的设计条件(资料)及投资情况、功能内容,确定需要监控的设备种类、数量、分布情况及标准;确定各子系统之间的关联方式;确定 BAS 中各子系统与楼宇其他部分之间的接口。

(3)根据各专业的控制要求和控制内容,确定并绘制出设备监控系统原理图;统计监控系统的监控点(AI、AO、DI、DO)的数量,分布情况并列表;根据监控点数和分布情况确定分站的监控区域、分站设置的位置,统计整个楼宇所需分站的数量、类型及分布情况。

(4)选择现场设备的传感器和执行机构;确定建筑设备管理系统常用温度、湿度、压力、流速、空气质量、液位及照度传感器的选型,关注不同应用专业的安装方法及注意事项。图 3-2 所示为楼宇监控的系统网络架构图。建立基于 Lonworks 总线的控制网络体系,并实施布线。

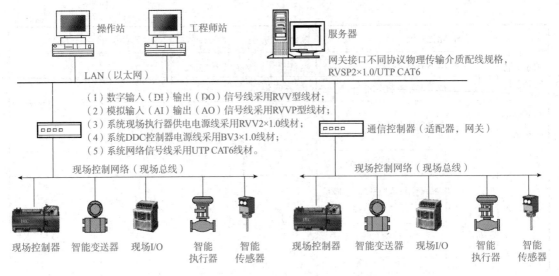

图 3-2 楼宇监控的系统网络架构图

图中文字：

操作站　　工程师站　　服务器

网关接口不同协议物理传输介质配线规格，RVSP2×1.0/UTP CAT6

LAN（以太网）

（1）数字输入（DI）输出（DO）信号线采用RVV型线材；
（2）模拟输入（AI）输出（AO）信号线采用RVVP型线材；
（3）系统现场执行器供电电源线采用RVV2×1.0线材；
（4）系统DDC控制器电源线采用BV3×1.0线材；
（5）系统网络信号线采用UTP CAT6线材。

通信控制器（适配器，网关）

现场控制网络（现场总线）　　现场控制网络（现场总线）

现场控制器　智能变送器　现场I/O　智能执行器　智能传感器　现场控制器　智能变送器　现场I/O　智能执行器　智能传感器

四、课程设计

(1)阅读一层建筑平面施工图，如图 3-3 所示。

(2)确定建筑设备监控系统控制对象，见表 3-2；

(3)依据新风机组自控原理图(图 3-4)，完成 DDC 测量统计表(表 3-3)；

(4)DDC 型号选择及系统形式；

(5)完成建筑设备监控系统框图，参考图 3-5；

(6)规划 BA 系统平面及布置弱电间；

(7)梳理主要设备材料表。

五、任务目标

(1)了解工程需求，分析监控对象，确定系统控制方案；空调制冷、供暖通风、给水排水、柴油发电机系统、公共区域照明系统等均纳入 BA 系统进行监控或监视；

(2)理解建筑工程图纸，在平面图中布置 BA 系统监控点；

(3)依据弱电专业图集，《建筑设备管理系统设计与安装》(19X201)、《智能建筑弱电工程设计与施工》(09X700)等选择监控原理图；

(4)依据监控系统组建总线控制网络体系架构；变配电所设置独立的变配电管理系统，预留与 BA 系统联网的网关接口；消防类水泵、排烟风机不进入 BA 系统，可预留与建筑设备管理系统互联的信息通信接口；

(5)完成设计方案文件；

(6)以下面几个问题展开讨论，深入理解并探讨监控目的，小组交流。

 课堂思考题

问题 1：本建筑物为商业综合体，识别施工图(图 3-3)，确定建筑设备管理系统配置等级：●—应配置；⊙—宜配置；○—可配置。

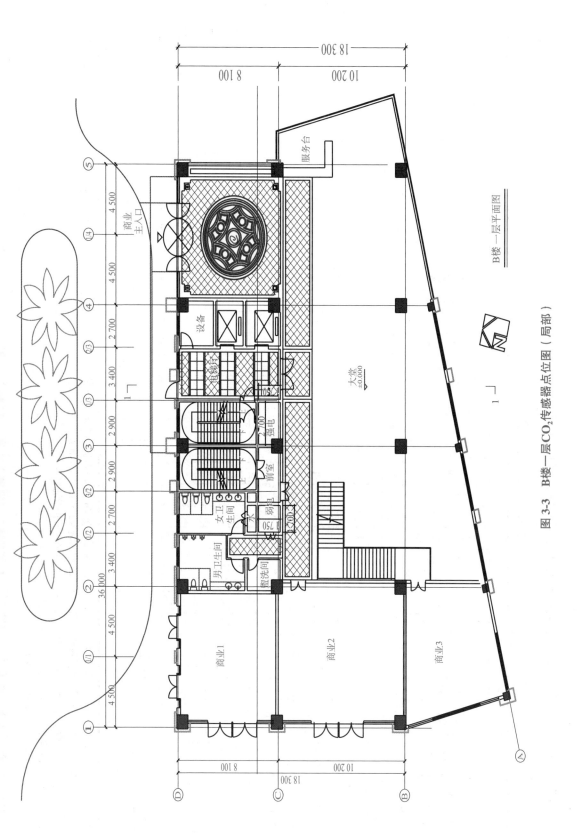

图 3-3　B楼一层 CO$_2$ 传感器点位图（局部）

问题 2：按照任务目标，识别表格中监控对象 AI、DI、AO、DO 的内容，见表 3-2。

表 3-2　建筑设备监控系统控制对象确认表

一层 CP-1（包含 1# 空调机房）标准层参考此层

控制点/设备	数量	AI 送/回风温度	CO	CO₂	回风湿度	水管温度	流量	压差	压差传感器	其他	AI点合计	DI 设备故障	压差开关状态	手动/自动状态	水流开关	设备状态	DI点合计	DO 加热器控制开/关	设备启停控制/开关	风阀控制	电动阀门	设备开关	DO点合计	AO 变频调节	风阀调节	AO点合计	合计	XP-9102-8304	DX-9100-8154	XP-9103-8304	XP-9104-8304	XP-9105-8304	XT-9100-8304	DP1 DP2 DP3 DP4
柜式空调机	2	2									4	1	1	1		1	8		1		2		6			0								
风机盘管																1	0		1				0											
新风机	1	1									1	1		1		1	3		1		2		3			0								
公共照明	5										0					1	10					1	5			0								
卫生间照明	1										0					1	2					1	1			0								
卫生间排风机	1										0					1	2					1	1			0								
											5						25						16			0	46	1	1	2	4	4	3	1

地下层中央冷冻站——冷冻机（RTHB-225-1、2、3）控制点：（例如冷冻、冷却电动蝶阀、冷冻水、冷却水总管、冷却塔低水位报警及进出出水阀门、膨胀水箱高低水位报警）

供配电系统（变压器及发电机的有关参数由电路分析仪采集，请参阅供配电系统图）；

公共照明系统（含应急照明事故照明疏散照明，请参看公共照明系统图）；

公共区域空气监测（请参看暖通监控系统图），例如 CO、CO₂；

给水排水系统（参看给水排水系统图），例如 CO、CO₂；给水系统的运行与监控

问题3：依据新风机组监控 CO_2 监控原理图（图 3-4），按照要求编制 DDC 监测量表（表 3-3）。

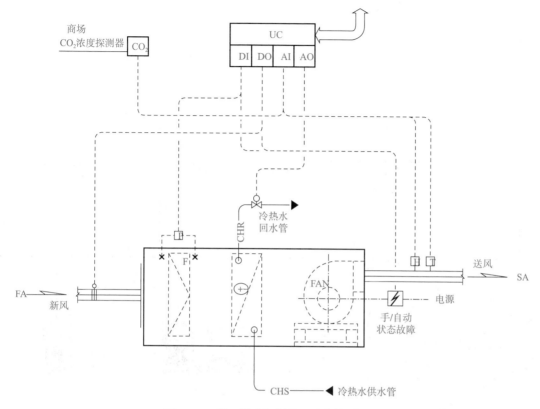

图 3-4　B 楼一层商场新风系统自控原理图

表 3-3　B 楼一层新风系统 DDC 监测量一览表

DDC 现场管线	AI	
	DI	
	AO	
	DO	
	电源	
管线编号		
接入 DDC 箱号		

控制要求如下：

（1）根据送风管上温度传感器信号控制冷、热水回水管上电动两通阀，冷热转换由 BA 控制。

（2）检测内容：回风温度、送风温度、风机启停及其手/自动状态、故障状态及盘管前空气温度、过滤器压差，以上内容应能在 DDC 上显示。

（3）联锁及保护：送风机启停、排风机、风阀、电动调节阀、静电过滤器联动开闭。按照排定的工作程序表，DDC 按时启停机组。

（4）放置室内型 CO_2 传感器，根据室内 PM2.5 传感器采集控制风机启停。根据回风管 CO_2 浓度调节新风管变风量阀开度（设置最小新风量），并调节排风管变风量阀开度。

问题4： BA 系统中央操作站与现场控制器之间的通信线预留管线均为线槽或管道。控制器至各种传感器、变送器、阀门等的控制线沿线槽敷设，控制器的电源由弱电间专线引入。按照图 3-5 熟悉系统管线类型。

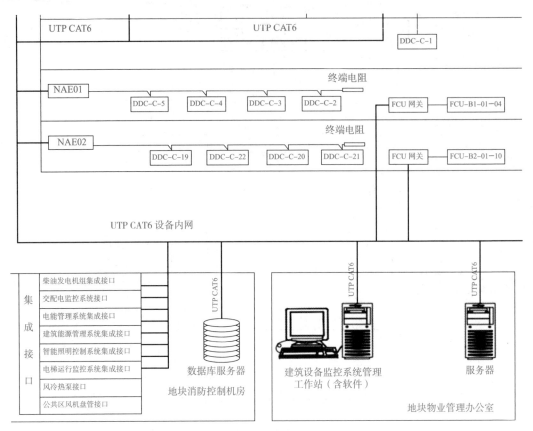

注：DDC 之间和 DDC 与网络控制器的线缆使用 RVSP2×0.75;
　　DDC 电源就近取电，需要有 220 VAC 电源;
　　N200 为网关设备，通过弱电内网完成交互，使用线缆为 CAT6

图 3-5　建筑设备监控系统框图

（1）DDC 控制盘安装在弱电间（井），由配电箱引出一路独立可靠的 220 V AC 电源，配管敷线（RVV－3×1.5SC25）至 DDC 盘内;

（2）DDC 控制盘离地 1.3 m 靠墙安装;

（3）BA 系统强电、弱电的导线必须分别穿管，就近引至线槽或相应的 DDC 盘线槽内加隔板分隔，强电、弱电的导线必须分别敷设;

（4）线槽、管线走向应根据现场实际情况可作相应调整;

（5）各传感元件及驱动器的位置仅为示意，必须依据现场实际情况进行安装。

问题 5：依据《智能建筑设计标准》(GB 50314—2015)布置智能化系统机房，本机房包括信息接入、有线电视前端设施、信息网络系统总配线架、安防监控及应急响应接口，与消防控制室(中心)合用时需加隔墙。图 3-6 所示为机房工程设备布置图。

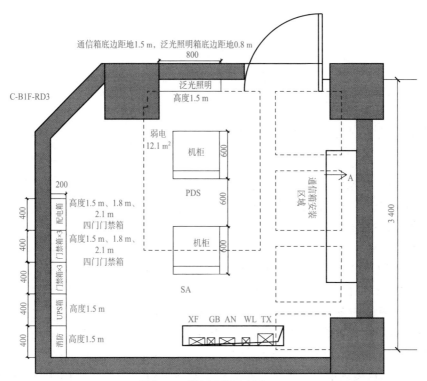

商业R1B1F弱电间平面布置图

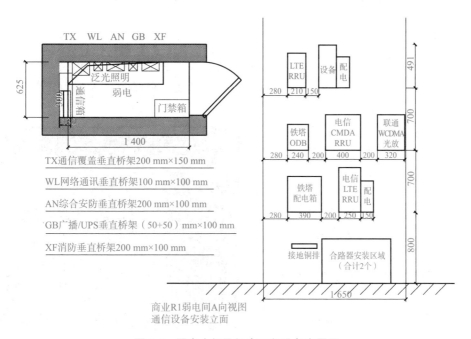

TX通信覆盖垂直桥架200 mm×150 mm

WL网络通讯垂直桥架100 mm×100 mm

AN综合安防垂直桥架200 mm×100 mm

GB广播/UPS垂直桥架（50+50）mm×100 mm

XF消防垂直桥架200 mm×100 mm

商业R1弱电间A向视图
通信设备安装立面

图 3-6 弱电小间及机房工程设备布置图

任务一　智能楼宇设备监控系统

任务目标

掌握使用 DDC 软件采集三维虚拟对象（建筑设备）运行基础状态信息 AI、AO、DI、DO 的状态；掌握组态软件与设备、计算机联动的方法。

能力要求

理论要求：

1. 掌握自动控制理论基本概念；
2. 掌握 BMS 各个子系统的组成；
3. 熟悉 BAS 自动检测与控制核心技术。

技能要求：

1. 熟悉 DDC 供配电系统、中央空调系统、给排水系统的监控功能；
2. 熟悉 BMS 监控要求及设计流程；熟悉 DDC 的运行与监控功能；
3. 具备简单绘制建筑设备（水、暖、电等）监控原理图的能力；
4. 按照本案例设计方案，按组开展 BAS 系统监控原理图方案设计。

思政要求：

通过剖析我国智能化产品制造、发展的深层次原因，学生寻找民族品牌，激发学生奋发图强的意志品格，培养学生以爱国主义为核心的民族精神。

任务流程

本任务利用 BIM 技术，将建筑设备三维可视化动态展示，例如风管、水管、风机、水泵等设备模拟运行，如图 3-7 所示，应用组态软件新建工程项目实时监控设备运行状况，采集相关信息，具体操作内容如下：

1. 监控下列建筑设备：冷热源、通风和空气调节、给水排水、供配电、照明、电梯等；

2. 采集监控设备的信息：温度、湿度、流量、压力、压差、液位、照度、气体浓度、电量、冷热量等建筑设备运行基础状态信息 AI、AO、DI、DO；

3. 监控模式应与建筑设备的运行工艺相适应，并应满足对实时状况监控、管理方式及管理策略等进行优化的要求；

4. 以小组的方式分析供配电系统、水泵、空调等建筑设备 DDC 监测量。

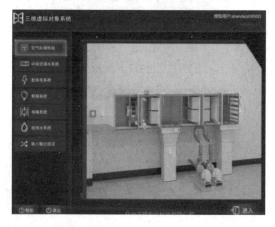

图 3-7　建筑设备三维可视化动态展示

姓名： 班级： 学号：

小组名称		小组成员		
项目名称	供配电系统的监控		成绩	
实训目的	1. 了解供配电系统的组成； 2. 熟悉供配电系统 DDC 监测的电压、电流参数检测点位 I/O 类型； 3. 了解照明系统开关、光照度传感器 DDC 的监控状态			
实训说明	1. 建议 3 人一组开展； 2. 依据供配电监控原理图，熟悉电压、电流等系数检测系统的监控点			
实训要求	1. 了解常用供配电系统监控内容，电流变送器、电压变送器、功率因数变送器、断路器； 2. 依据供配电系统原理图完成电压、电流等参数 DDC 监控			
实训内容	1. 低压端的电压及电流监控原理图如下图所示，分析 DDC 监控的 I/O 类型及数据通信接线。 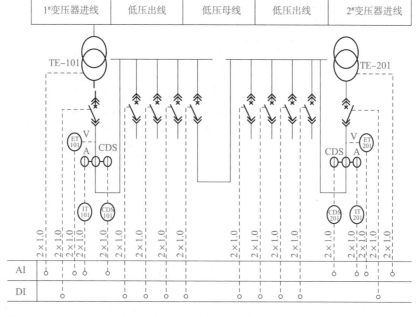 2. 按图分析 DDC 监控 10 kV 高压线路的电压及电流测量方法。 (1)检测供配电回路运行参数； (2)监视电气设备的运行状态； (3)对建筑物内所有用电设备的用电量进行统计及电量计算与管理； (4)对各种电气设备的检修、保养维护进行管理。 本工程采用一套 SmartPM5800 电气综合监控系统。 A. 电气火灾监测具有探测回路剩余电流及各相电缆温度功能； B. 消防设备电源具有监测回路电压及开关状态等功能；			

	C. 电力系统能监测回路谐波、电流、电压、频率、功率、电能等参数; D. 能耗监测采集建筑物内的电量、水量、燃气量、集中供冷(热)量和可再生能源等,符合现行《公共建筑绿色设计标准》(DBJ 61/T 80—2014)的相关规定 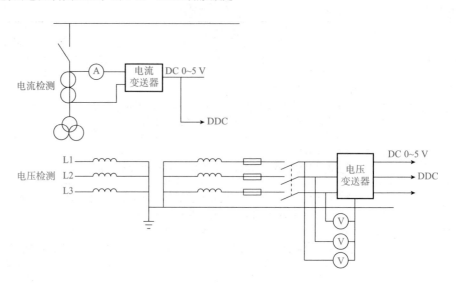 **现场信息采集器推荐选型** **PMAC780H** — 设计于10 kV进线处; 测量三相电流、三相电压/线电压、零序电流、三相(总)有功/无功/视在功率、功率因数、频率、有功/无功电能。支持2~31次谐波分析、总谐波计算,电流K系数计算;支持需量统计、SOE事件统计;支持A级电能质量监测,谐波和间谐波。电压偏差、频率偏差、不平衡度、波动和闪变,暂态和瞬态扰动 **PMAC770** — 设计于10 kV出线、0.4 kV进线、联络、电容补偿柜处; 测量可测量三相/平均相电压、线电压、正序/负序/零序电压、三相/平均/零序电流、频率、三相有功/无功/功率因数、总有功/无功/视在/功率因数。支持2~31次谐波分析,总谐波计算,电流K系数计算;支持需量统计、SOE事件统计、开关状态 **PMAC503M** — 设计于0.4 kV馈出线。一级配电箱进线侧; 探测1路剩余电流、3路温度、三相电流、三相电压/线电压、三相(总)有功/无功/视在功率、功率因数、频率、有功/无功电能等全电量,支持开关状态监测 **PMAC901** **PMAC903** — 设计于楼层配电箱出线侧; 测量可测量单/三相电压、电流、有功功率、功率因数、频率、有功电度、无功电度等电参量。支持复费率电度功能 **PMAC513A2-1** — 设计于消防(控制)配电箱内双电源切换装置的电源进线侧; 测量三相两路交流电压、1路交流电流,支持开关状态监测 **PMAC513A-1** **PMAC511A-1** — 设计于消防(控制)配电箱内双电源切换装置的电源出线侧、变配电所为消防设备供电的配电回路;测量单/三相路交流电压、1路交流电流,支持开关状态监测

实训内容

序号	评价项目及标准	小组自评	小组互评	教师评分
1	分析供配电系统监控内容(50分)			
2	通过DDC编程模拟供配电系统的监控(30分)			
3	工作态度(10分)			
4	安全文明(10分)			
5	合计(100分)			

实训总结

遇到问题，解决方法，心得体会：

扫码打开任务书

任务练习　供配电系统的监控

姓名：　　　　　班级：　　　　　　　学号：

小组名称		小组成员		
项目名称	中央空调系统 DDC 的配置		成绩	
实训目的	1. 了解空调系统的组成； 2. 熟悉全空气调节系统监控内容及 DDC 检测点位 I/O； 3. 通过 DDC 编程实现空气处理系统、水系统的启停运行及监控			
实训说明	1. 建议 3 人一组开展； 2. 依据暖通空调工程，了解被控对象：风机、转轮启停、电动水阀开度、新风阀的开关；检测内容：回风温度、送风温度、风机启停及其手动/自动状态、故障状态、盘管前空气温度、过滤器压差； 3. 控制方法：送风温度是通过调节电动阀的开度来保证其设定值的			
实训要求	1. 掌握空调工程监控原理图，完成 BA 系统新风空调机组自控原理图（四管制）监控点数表及模块配置； 2. 了解现场控制器 DDC 的设置及布线方式（与 BA 系统中央控制站及与现场控制设备间连线规格）			
实训内容	1. 依据下面空调系统 DDC 监测内容，在表格中填写信号采集模式及配线规格。 (1)控制对象：风机、电动水阀开度、新风阀的开关； (2)检测内容：新风、送风温度、风机启停、故障状态、远处静压、出口处静压、　水阀开度、污垢过滤报警、新风阀开/关，以上内容应能在 DDC 上显示； (3)控制方法：送风温度通过调节电动阀的开度保证其设定值； (4)联锁及保护：送风机的启停与风阀、电动调节阀联动开闭； (5)软件要求提供时间程序，次序控制，时间累计及图表显示。 2. 利用组态软件，打开运行主程序 X2View. exe，选择驱动"Modbus TCP Client"，单击启动监控，通过 DDC 编程实现控制风机。当控制温度大于 25 ℃时，风机开启；当控制温度小于 25 ℃时，风机停止，对设备进行在线监控。 表格 | 控制监控对象	配线规格	DDC ||||				DI	DO	AI	AO																																																																																																											

实训内容	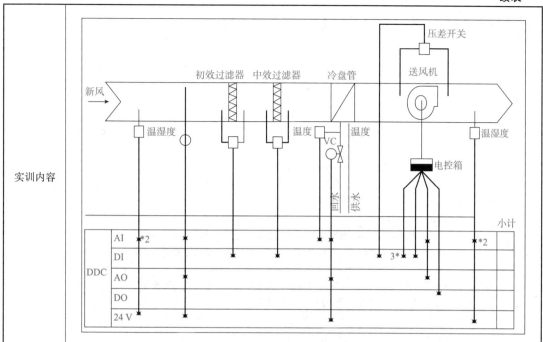

序号	评价项目及标准	小组自评	小组互评	教师评分
1	绘制新风机组监控系统图(40分)			
2	通过 DDC 模拟中央空调系统的运行与监控(40分)			
3	工作态度(10分)			
4	安全文明(10分)			
5	合计(100分)			

遇到问题，解决方法，心得体会：

扫码打开任务书

任务练习　中央空调系统 DDC 的配置

任务练习三 DDC给水排水系统的运行与监控

姓名：　　　　　　　　班级：　　　　　　　　学号：

<table>
<tr><td>小组名称</td><td></td><td>小组成员</td><td colspan="2"></td></tr>
<tr><td>项目名称</td><td colspan="2">DDC 给水排水系统的运行与监控</td><td>成绩</td><td></td></tr>
<tr><td>实训
目的</td><td colspan="4">1. 了解给水排水系统的组成；
2. 熟悉给水排水系统 DDC 检测点位 I/O 配置；
3. 通过 DDC 编程实现排水系统、水泵系统的启停运行及监控</td></tr>
<tr><td>实训
说明</td><td colspan="4">1. 建议 3 人一组开展。
2. 当给水系统液位开关为低时，启动水泵为水箱注水；当给水系统液位开关为高时，停止水泵。
3. 当液位开关为高水位时打开排水泵；当液位开关为低水位时关闭排水泵</td></tr>
<tr><td>实训
要求</td><td colspan="4">1. 了解给水排水监控系统常用监控设备，液位开关、水流开关、压差开关；
2. 分析给水排水系统原理图中 DDC 监测控制点</td></tr>
<tr><td>实训
内容</td><td colspan="4">1. 生活给水系统的工作原理与监控要点。
当给水系统液位开关为低时，启动水泵为水箱注水；当给水系统液位开关为高时，停止水泵。
检测内容：高低液位报警、水泵运行、故障状态、手自动状态，以上内容应能在 DDC 上显示，如下图所示。
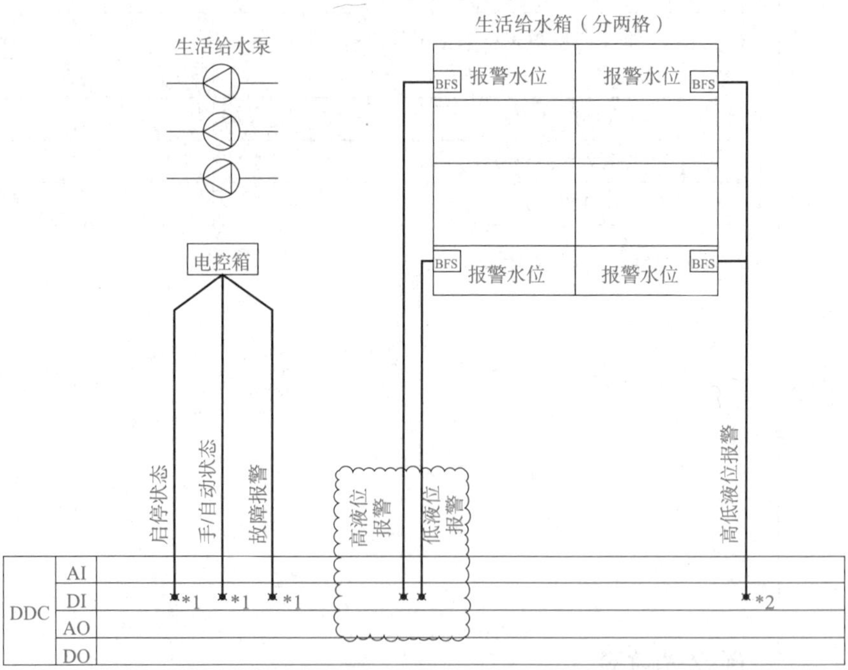

2. 排水系统的工作原理与监控要点。
当液位开关为高水位时打开排水泵；当液位开关为低水位时关闭排水泵；
检测内容：高低液位报警、水泵运行、故障状态，以上内容在 DDC 显示。</td></tr>
</table>

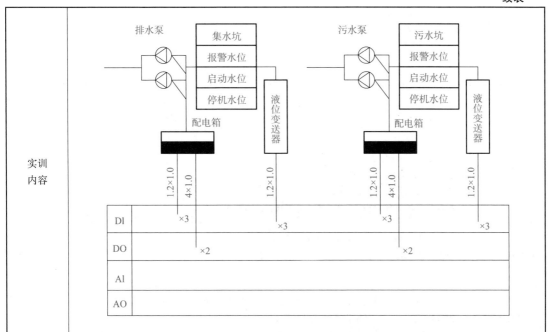

DI	×3	×3	×3	×3
DO	×2		×2	
AI				
AO				

序号	评价项目及标准	小组自评	小组互评	教师评分
1	分析给水排水系统图监控(40分)			
2	通过 DDC 编程模拟给水排水系统(40分)			
3	工作态度(10分)			
4	安全文明(10分)			
5	合计(100分)			

遇到问题,解决方法,心得体会:

扫码打开任务书

任务练习 DDC 给水排水系统的运行与监控

姓名：　　　　　　班级：　　　　　　　学号：

小组名称		小组成员		
项目名称	建筑设备监控系统设计		成绩	
课程设计目的	1. 了解工程需求分析； 2. 掌握 BMS 各个子系统的组成； 3. 熟悉 BMS 监控内容及监控方法； 4. 熟悉 BMS 设计流程及要求； 5. 能够简单绘制建筑设备(水、暖、电等)监控原理图			
设计说明	1. 建议 3 人一组开展设计，完成园区单体建筑； 2. 按照本案例设计方案，也可以校园建筑为案例； 3. 自由选择控制品牌			
设计要求	1. 确定本项目子系统的内容，完成初步设计方案(如水、暖、电等)； 2. 识读建筑施工图，确定设备数量及位置； 3. 准备 A3 白图、笔、尺子及相应绘图工具			
工程参考信息	依据下面问题展开设计思路： 1. 针对智能化系统工程的设计依据有哪些？ ——标准、规范、安装图集 2. 针对工程项目功能不同，应采取哪些适应的智能化系统？ 本项目采取的智能化系统有哪些？ 3. 如何有效配合建筑施工开展建筑智能化系统工程建设？ 各个工种的协调配合，培养施工识图能力。 请认真思考以下问题，有助于项目实训的开展： 问题 1：本建筑物为商业综合体，依据建筑功能确定建筑设备管理系统配置等级：(参考表 3-1)●—应配置；⊙—宜配置；○—可配置。 问题 2：空调制冷、供暖通风、给水排水、热力、柴油发电机系统、公共区域照明系统等均纳入 BAS 系统进行监控或监视。按照上述内容编制 BAS 监控 DDC 监控点分布，见表 3-3。 问题 3：依据新风机组监控设备(图 3-4)要求编制 DDC 控制器，见表 3-3。 问题 4：BAS 系统控制器之间的通信线预留管线均为____钢管。控制器至各种传感器、变送器、阀门等的控制线沿线槽敷设，控制器的电源由弱电间引入。按照图 3-5"建筑设备监控系统框图"归纳管线。 问题 5：参考图 3-6 布置智能化系统机房。			
设计内容	依据施工图，利用 CAD 或徒手绘制，完成下面内容： 1. 分析监控内容，绘制建筑设备监控网络拓扑结构框图(1 张)； 2. 完成公共照明智能控制、新风空调机组自控原理图(四管制)、给水排水高低水位监控原理图绘制，确定监控点(3 张)； 3. 按照系统编制设备监控总表(AI/AO/DI/DO)，选择 DDC(1 份)； 4. 绘制 BAS 平面图，确定控制分站、传感器及执行机构在现场的安装位置及要求(一层及标准层，2 张)； 5. 按照监控中心要求布置(1 张)； 6. 汇总设计方案，编制设计说明文件(1 份)；			

图纸交底	1. 设计原则：先进性与实用性、标准化与可扩展性，展示设计方案； 2. 叙述本系统的特点，满足建筑功能、能源结构分析； 3. 与相关单位配合，协同土建、安装、运维等要素； 4. 本设计系统 DDC 产品的可替代性如何？选择品牌，优化方案； 5. 以小组为单位在班级答辩、交流

序号	评价项目及标准	小组自评	小组互评	教师评分
1	完成设计方案(50分)			
2	PPT 讲解(30分)			
3	工作态度、沟通良好(10分)			
4	安全文明操作(10分)			
5	合计(100分)			

课程设计总结

总结内容：
设计遇到问题，解决方法，心得体会：

扫码打开任务书
任务练习 建筑设备监控系统设计

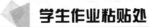**学生作业粘贴处**

参考表 3-4，按系统或楼层区域编制设备监控总表（AI、AO、DI、DO），选择 DDC 及配置形式。

表 3-4　选择 DDC 及配置形式

控制点/设备	AI										DI						DO						AO			DDC 配置			DP		
	数量	送/回风温度	CO/CO₂	回风湿度	水管温度	流量	压差	压差传感器	其他	AI点合计	设备故障	压差开关状态	手/自动状态	水流开关	设备状态	DI点合计	加热器控制	设备启停/开关	风阀控制	电动阀门	设备开关	DO点合计	变频调节	风阀调节	AO点合计	DX—9100—8154	XP—9102—8304	XP—9103—8304	DP1	DP2	DP3
中央冷冻站																															
供配电系统(变压器及发电机的有关参数由电路分析仪采集)																															
公共照明系统(含应急照明事故照明疏散照明，请参看公共照明监控系统图)																															
公共区域空气监测(请参看暖通监控系统图)																															
给水系统																															
排水系统																															
一层 CP—1(1♯空调机房)																															

一、基础知识

(一)自动控制的概念

1. 自动控制理论

自动控制系统由传感器、自动控制器和执行器构成。自动控制理论是研究自动控制系统组成、分析和设计的一般性理论，其任务是研究自动控制系统中变量的运动规律及改变这种运动规律的可能性和途径。自动控制器按其工作原理可分为模拟控制器和数字控制器。模拟控制器采用模拟计算技术，通过对连续的物理量运算产生控制信号，它的实时性较好；数字控制器DDC采用数字计算技术，对数字量的运算产生控制信号，其特点就是决策功能强，运算精度较高，可进行复杂运算，通用性好，并且具有多变量控制、最优控制和自适应控制能力及故障处理能力。

楼宇自动化系统的功能就是对楼宇的各种机电设施，包括中央空调、给水排水、变配电、照明、电梯、消防、安全防范等进行全面的计算机监控管理。例如，空调系统的温度、湿度控制是 BA 系统关注的主要内容。

2. PID 闭环控制的作用

双位或继电器型(ON/OFF)控制作用，又称开关控制，执行机构只有通断两个固定位置，一般是电气开关或电磁阀，它的被调量将在一定范围内波动。

比例控制(P)作用，输出与误差成正比例关系，实质上是一种有可调增益的放大器。

积分控制(I)作用，输出值是随误差信号的积分时间常数而成比例变化的。其适用于动态特性较好的对象，有自平衡能力、惯性和延迟很小的系统。

比例—积分控制(PI)作用，由比例灵敏度或增益和积分时间常数来定义的。

比例—微分控制(PD)作用，由比例灵敏度、微分时间常数来定义的。微分作用有预测性，能减少被调量的动态偏差。

比例—微分—积分控制(PID)作用，由比例灵敏度、微分时间常数、积分时间常数来定义的。目前，中央空调系统主要采用 PID 控制方式，即采用测温元件(温感器)＋PID 温度调节器＋电动二通调节阀的 PID 调节方式。如图 3-8 所示的闭环控制。

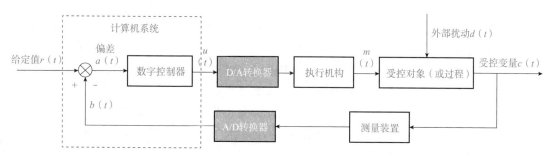

图 3-8　PID 闭环控制框图

(二)BAS 的组成与结构

以节约能源、集中管理、智能控制为目的，将建筑物或建筑群内的变配电、照明、电梯、空调、供热、给水排水、消防、保安等众多分散设备的运行、安全状况、能源使用状况及节能管理实行集中监视、管理和分散控制的建筑物管理与控制系统，称为 BA 系统。

BA 系统的基本功能可以归纳如下：

(1)自动监视并控制各种机电设备的起、停，显示或打印当前运转状态。

(2)自动检测、显示、打印各种机电设备的运行参数及其变化趋势或历史数据。

(3)根据外界条件、环境因素、负载变化情况自动调节各种设备，使其运行始终处于最佳状态。

(4)监测并及时处理各种意外、突发事件。

(5)实现对大楼内各种机电设备的统一管理、协调控制。

(6)能源管理：水、电、气等的计量收费、实现能源管理自动化。

(7)设备管理：包括设备档案、设备运行报表和设备维修管理等。

建筑物自动控制的核心是计算机技术。其组成部分有：DDC 控制器，执行机构（驱动器、执行器），受控对象（阀门、开关等），测量装置（传感器：温度传感器、压力传感器等），控制算法（PID、模糊控制等）。DDC 控制器是整个控制系统的核心，是系统实现控制功能的关键部件。其特征是"集中管理分散控制"，即用分布在现场被控设备处的微型计算机控制装置 DDC 完成被控设备的实时检测和控制任务，它接收传感器输出的信号，进行数字运算、逻辑分析判断处理后自动输出控制信号，动作后执行调节，运行如图 3-9 所示。

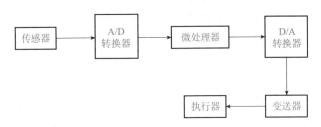

图 3-9　DDC 工作过程流程图

直接数字控制器(DDC)具有 AI、AO、DI、DO 四种输入/输出接口，与现场的传感器、执行调节机构直接相连接，对各种物理量进行测量，以及实现对被控系统的调节与控制。

(1)模拟量输入 AI(Analog Input)，如温度、压力、液位变送器输出，一般为 0～10 V (0～5 V)或 4～20 mA 的直流信号。

(2)数字量输入 DI(Digital Input)，通常为接触点的闭合、断开情况，一般用作检测设备状态、报警接点、脉冲计数等。

(3)模拟量输出 AO(Analog Output)，用以操作调节阀、风门，如电动阀、三通阀、风门执行器等，不需要外部电源，输出为 0～10 V 的直流信号。

(4)数字量输出 DO(Digital Output)，是开关量的输出信号，如现场的指示灯亮/灭、电机的启/停、阀门的开/关、继电器的通/断等开关量的 2 位状态控制与显示(ON/OFF)。

(三)控制系统的结构形式

建筑物自动化系统的结构是指单机系统或多机系统。对于多机系统组成的网络是拓扑结构。按照计算机控制系统的系统结构形式有集中式结构、分级分布式(分散)结构、全分布式结构。

1. 集中式结构(单机系统)

集中结构(Central Control System,CCS)是指单一的计算机完成控制系统的所有功能和所有被控对象实施控制的一种系统结构,如图 3-10 所示。其适用于小型系统。这种控制方式是早期计算机控制系统采用的,目前智能建筑通常不采用这种方式。

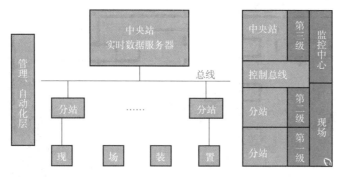

图 3-10　集中式控制系统(CCS)体系结构图

2. 分级分布式(分散)结构

分级分布式结构属于集散型(DCS)。各种设备采用分站(单元控制器)控制,各控制器接成网络,由中央站控制,有 2 级或 3 级或不分级结构,如图 3-11 所示。它适用于大型和中型系统。其特点是:以分布在形成被控制设备处的多台计算机控制装置完成设备实时监测、保护与控制任务,克服计算机集中控制带来的危险高度集中及常规仪表控制功能单一的局限性;可节省人力,通过集中控制,简化操作及培训维护等;合理调度负荷,节能,控制灵活,设备共用,如某些传感器可用在多种控制用途。DCS 的特征是集中管理、分散控制。在智能建筑 BAS 产品中,目前使用最多。

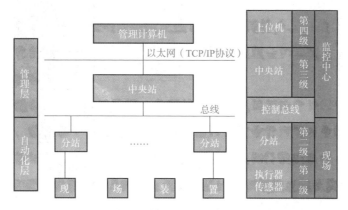

图 3-11　集散式控制系统(DCS)体系结构图

3. 全分布式结构(现场总线系统 FCS)

控制系统中全分布式结构传感器、变送器及执行器均为微型智能节点,称为现场总线系统或局部操作网(Local Operation Network,LON),如图 3-12、图 3-13 所示。现场总线系统智能节点的核心是神经元芯片,芯片内部有 3 个中央处理器和 RAM、ROM、EEP-ROM,以及计时器/计数器、操作系统、数据库和 3 种常见控制对象、固化通信协议。这样实现了无中心结构的完全分布式控制模式,无须中央站可实现点对点的直接通信,不会因为中央处理器和服务器的故障而导致系统瘫痪，提高系统整体可靠性，同时具有开放性、互换性、全分散型，非常方便灵活，目前这种结构的系统发展很快。

集散控制系统一般分3级，第一级现场控制级，承担分散控制任务，过程控制并与操作站联系；第二级监控级，控制信息的集中管理；第三级企业管理级，建筑设备自动化系统与企业管理信息系统有机结合。

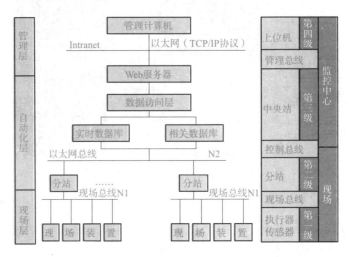

图 3-12　网络结构控制系统体系示意

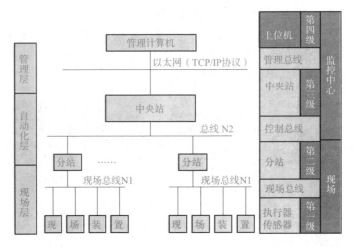

图 3-13　现场总线式控制系统(FCS)体系结构图

(四)总线的分类和总线技术

1. 总线的分类

在计算机技术中，总线是指地址、数据、控制等各种信号线的集会。在建筑设备监控系统(BAS)，总线是用来连接管理计算机、中央站、分站、现场装置或各种系统的物理通道，以完成数据或序号的传输。BA 系统总线可分为管理总线、控制总线、现场总线3种。

(1)管理总线。用于管理计算机和中央站内部器件的连接，管理总线是上层信息网(属于信息域)。信息网的基本功能是完成信息的发送传输和接收，要求传递的快速性，采用TCP/IP 协议和以太网结构。

（2）控制总线。控制网用于中央站与分站的连接、分站与现场装置的连接、现场装置与现场装置的连接。控制总线是下层控制网（属于控制域）、测控网，主要作为过程自动化、制造自动化、建筑设备监控自动化等领域自动控制设备之间互连等通信和控制网络，实现各系统现场仪表、传感器、执行器、被控制设备的联网通信、测量和控制。传输的信息量少，快速性要求不高，但实时性、安全性和可靠性高。

（3）现场总线。现场总线是当今自动化领域技术发展的热点之一，它标志着工业控制技术领域又一个新时代的开始，并将对该领域的发展产生重要的影响。现场总线含义表现在以下 7 个方面：

1）现场通信网络，用于过程及制造自动化的现场设备或现场仪表互联的通信网络。

2）现场设备互联。

3）互操作性，现场设备或现场仪表种类繁多，没有任何一家制造商可提供一个工厂所需的全部现场设备，因此，互相连接不同制造厂商的产品用户希望"即接即用"。

4）分散功能块，可分散在多台现场仪表中，可统一组态，用户灵活选用各种功能块，构成所需的控制系统，实现彻底的分散控制。如流量变送器不仅有流量信号变换、补偿和累加输入模块，也有 PID 控制和运算功能模块。

5）通信线供电，允许现场仪表直接从通信线上摄取能量。

6）开放式互联网络，同层或不同层网络互联，实现数据库的共享。通过网络对现场设备和功能块统一各种组态，将不同厂商的网络及设备融为一体，构成统一的 FCS。

7）现场总线的核心技术是传输信号数字化。

2. 总线技术

依据系统类型、网络管理形式及传输方式，目前常用总线技术有 BACnet，CANBUS，LonMark，LonWorks，RS485，CEBus，IEEE-488，ISP，下面主要介绍几种总线技术的应用。

（1）BACnet 标准为计算机控制暖通空调和制冷系统及其他系统规定通信服务协议，使不同厂家的产品可在同一个系统内协调工作。BACnet 标准为设备设计师在选择设备具有多特性方面提供了灵活性。BACnet 协议侧重于监控设备之间的通信数据结构，而以太网和 TCP/IP 可在 BACnet 设备之间传送 BACnet 信息。在信息管理方面、上层网之间的互连采用 BACnet 标准是最佳方案。

（2）CANBUS 总线（CAN）有很高的可靠性，适用于低成本、高性能的现场设备及互联网络，可构成智能化系统的实时过程检测控制于管理系统。CAN 传输介质为双绞线，CAN 总线的节点在错误严重的情况下，自动关闭总线的功能，切断与总线的联系，使总线上的其他操作不受影响。

（3）LonMark 标准是实时控制方面，为建筑设备监控系统 BA 系统中传感器与执行机构之间网络化，实现互操作性产品的标准，是控制产品现场传感器与执行结构之间实现互操作的网络标准。它适合智能建筑中 HVAC，电力供应，照明系统，火灾报警，安全防范系统之间通信、互操作。该标准较为经济的方法，现场总线式控制系统（FCS）的应用效果最佳。

（4）LonWorks 技术是一种用于自动控制领域的测控技术（现场总线技术），方便地实现现场控制装置（传感器、执行器、仪表等）联网络。具有完整的开发系统平台，包含完整设计、配置和支持的软件、硬件开发工具。最大的优点是其开放性，提供总线型、星型、环型、混合型拓扑结构，真正实现点对点通信。

(5)RS485 串行接口总线标准主要用于多接点的连接，在现场总线式控制系统 FCS 使用 BitBus 位总线互连中，采用 RS485 接口标准。传输介质为双绞线，高速进行远距离传输，10 Mbit/s，12 m；1 Mbit/s，120 m；100 Kbit/s，1 200 m。

(五)BAS 自动检测与控制

自动测量、监视与控制是建筑设备自动化系统的三大技术环节和手段，通过这三个技术可正确掌握建筑设备的运转状态、事故状态、能耗、负荷的变动等情况，从而适时采取相应的处理措施，以达到智能建筑正常运作和节能的目的。

1. BAS 自动检测

模拟控制信号在楼宇自动化系统中的品种和点数数量是最多的一类，主要有温度、压力、流量、电压、电流、功率、照度、阀门开度、转速、湿度、烟尘含量、CO 含量等。模拟信号经过传感器或变送器转变成 0～5 V、0～10 V 电压信号或 4～20 mA 电流信号。模拟控制信号频带不高，在直流到几百 Hz 低频范围，既可以模拟传输，也可以数字传输。

自动测量、监视与控制是建筑设备自动化系统的三大技术环节和手段，通过这三个技术可正确掌握建筑设备的运转状态、事故状态、能耗、负荷的变动等情况，从而适时采取相应的处理措施，以达到智能建筑正常运作和节能的目的。

由于各种建筑设备分散在各处，加强设备管理，自动测量元件是必不可少的。

(1)传感器和执行器。传感器和执行器又称为现场终端(Information Point，IP)。传感器有非电量和电量传感器。非电量传感器有温度、压力、液位、位移等物理传感器，还有门感应开关、红外/微波探测器、烟感探测器、温度探测器、振动探测器等，非电量传感器一般输出电信号；电量传感器有电流、电压、频率、电功率、功率因数等传感器。输出电信号有模拟信号、数字信号；输入器有读卡器。执行器可以控制风量、阀门开度、电源开关等。执行器有电动式、电子液压式、电子气动式等。

(2)测量目的。日常运转情况，发现和记录各种故障及设备异常情况，分析并查出原因。关注各系统测量对象及范围。

(3)测量方式。有选择地测量某点某时刻的数值，以选定的速度连续逐点测量，用扫描测量方式，随线连续测量。

2. 自动监视

监视控制设备有配电设备、空调、卫生、动力设备、火灾防范设备、照明设备、事故广播设备、电梯设备等，通过传感器与执行元件直接与监控设备连接，采取监控、测量、记录等方式，实现楼宇内各系统的建筑设备统一管理、协调控制。

(六)建筑设备、供配电设备及照明设备的控制要求

BMS 是针对建筑机电设备运行参数的检测、控制、自动调节运行状态，使相关设备的运行处于最佳状态，可自动实现电力、供热、供水等能源的使用、调节与管理，从而保障建筑设备的安全可靠和能源节约及环境宜人，同时，可对停电、火灾、地震等意外事件自动监测并有效处理。主要实现下面几个功能：设备控制自动化、设备管理自动化、防灾自动化、能源管理自动化。BMS 网络架构图如图 3-14 所示。

1. 建筑设备监控系统设计一般规定

对建筑设备的运行参数监视、控制、测量，实时采集，记录数据，分析处理，做到系统运行安全、可靠，节省能源和人力资源。监控网络结构采用集散式或分布式控制方式，由管理层网络与监控层网络组成，实现对设备状态的监视和控制。

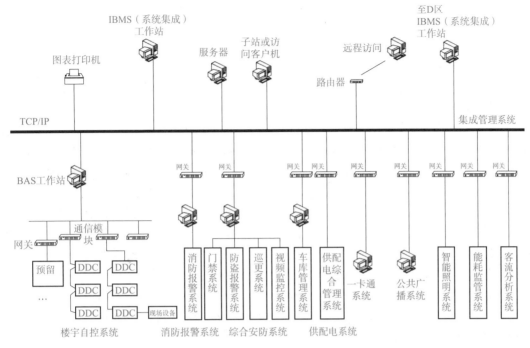

图 3-14　BMS 网络架构图

2. 建筑设备监控系统设计关注要素

需要关注楼宇机电设备，针对空调设备、通风设备及环境检测系统等运行工况，进行监视、控制、测量、记录；供配电系统、变配电设备、应急（备用）电源设备监视、控制、测量、记录；动力和照明设备监视与控制；热力系统的热源设备监视、控制、测量、记录。公共安全防范系统、火灾自动报警系统与消防联动控制系统必要的监视及联动控制。

"绿色建筑"强调的节能需要充分利用智能化技术，可通过有效地控制楼宇机电设备的运行，实现节能效果；例如，空调所设定的温度、湿度，加入适当的新风，根据空调负荷，调整建筑智能环境，可防止能源浪费。楼宇照明控制设置无人值守和时间，并可利用外界自然采光情况进行综合控制等方式。根据有关资料显示，设有 BAS 建筑自动化系统的节能比不设可节约能源 25%。

(七)建筑物自动控制系统设计实例

1. 系统设计介绍

(1)概况。建筑物自动控制系统是通过对建筑物的空调系统、制冷站、给水排水、变配电及电梯等系统的自动控制来为大楼提供舒适、高效环境的。在现场配置了 DDC 控制器及各种传感器、压差传感器、压力传感器、流量计、液位计。通过布置在现场的各种传感器来收集信息，送到控制器(DDC)，经分析处理后，发出指令给现场的执行器，来实现对建筑物内各种机电设备的自动控制。

(2)系统配置。系统采用 Honeywell 公司的 EXCEL5000 系列产品，是一套分布式的集散型控制系统。在 EXCEL5000 中，中央站和所有分站都连接在分站总线上，保证了现场控制器的独立性，提高了楼宇自动化系统的可靠性。

（3）设计说明。某大楼的 EXCEL5000 系统中，BAS 分站选用中央总线 C-BUS 的分站，直接连接在总线上的控制器采用 XL 系列的直接数字控制器 DDC，EXCEL5000 的局域网络采用以太网，其为总线型拓扑结构，采用单根传输线作为传输介质，其特点是布线方便、可靠性高、容易扩充。

大楼的以太网采用双绞线以太网 10Base-T，双绞线为非屏蔽双绞线（UTP），UTP 可以处理 16 Mbps 的数据流，传输速率可达 150 Mbps，并用 RJ-45 水晶头连接器。这种 UTP 以太网采用物理集线器，两对双绞线连接一个工作站。通常，一个集线器可以连接 12 个工作站，最多可连接 1 024 个工作站，集线器到工作站最远为 100 m。

在 EXCEL5000 中有 4 种分站总线，其中常用的是中央通信总线 C-BUS。大楼中采用了两条 C-BUS 总线，其特点：通信速率为 9 600 bps～1 Mbps，双绞线 Honeywell 的 AK3744 或 AK3702 极限长度为 4 800 m，容量可连接 20 台设备，主动通信点可达 1 500 点。

1）鉴于我国目前管理体制现状，在设计中，消防与保安系统仍作为独立系统设置。只能在其专设的控制中心与设备监控系统建立信息传递关系，使两者同时具有状态监视功能；一旦发生灾情或盗情，按约定实现操作权转移。对于大型建筑或建筑群消防与保安子系统可单独组成局域网，与监控系统局域网互连，组成多域网。

2）设备监控系统目前多采用集散式控制系统（DCS）、现场总线控制系统（FCS）、集散式与现场总线控制系统结合（DCS＋FCS）。其结构可分为二级结构和三级结构方式，最终系统由实际工程确定。

3）直接数字控制器（DDC）作为 BA 系统前端的直接控制设备，设置时应考虑管理方式和安装经济性、便利性。DDC 安装在控制箱 DCP-【　】内，DCP-【　】设计布置在设备监控参数较为集中的机房、站房和电气竖井内。选择 DDC 的输入、输出接口数量和种类应与被监控设备要求适应，预留 10％～15％的接口余量。

2. 空调机组监控

（1）新风温度、湿度测量，送/回风温度、湿度测量，冷/热水阀门开度；

（2）过滤器堵塞报警监测，空气质量检测；

（3）防冻开关状态监测，分机压差报警监测，加湿器阀门开关控制；

（4）送/回风机运行状态监测、故障监测、手自动状态监测、启停控制；

（5）新风口风门开度控制，回风/排风风门开度控制。

空调控制参数：

（1）温度调节：定风量空调的节能是以回风温度为被调参数，DDC 控制器计算回风温度与给定值比较的偏差，按照预定的 PID 调节规律，如图 3-15 所示，输出调节信号控制冷/热水阀的开度以控制冷/热水量，使气温保持在设定值。回风湿度调节与回风温度调节的过程基本相同。

（2）风门调节：根据新风、回风的温度、湿度在 DDC 进行焓值计算，按回风和新风的焓值比例及空气质量检测值对新风的需求量，控制新风阀和回风阀的开度比例，使系统在最佳新风/回风状态下运行。

（3）启动顺序：定风量空调启动顺序控制：新风风门、回风风门、排风口风门开启—送风机启动—回风机启动—冷热水调节阀开启—加湿阀开启；定风量空调停止顺序控制：关加湿阀—关冷热水阀—送风机停机—新风风门、回风风门、排风口风门关闭。

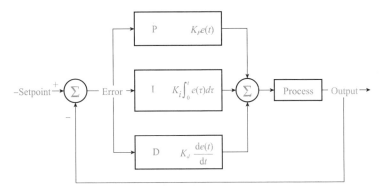

图 3-15　PID 控制算法

图 3-16 所示为大堂新风空调自控原理图（四管制、变频空调）。检测内容包括送风温度、风机启停、故障状态、污垢过滤报警、新风阀开/关、变频器反馈，以上内容应能在 DDC 上显示。

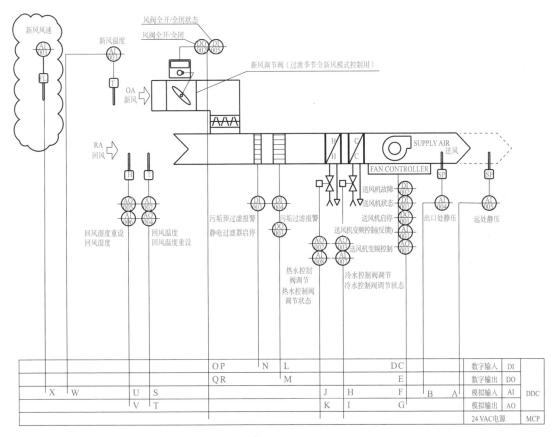

图 3-16　新风空调自控原理图

3. 公共照明系统监控内容

(1)监测各楼层公共照明配电回路开关状态、故障状态、手/自动状态。

(2)控制方案：按预先编排的时间程序或照度传感器，依据照度设定值自动开关配电回路，防止因人为疏忽产生损失，达到节能效果，并能满足不同区域的照明需求。

(3)控制模式。

1)时间表控制模式(白天和夜晚、阴天);

2)情景切换控制模式(会议、娱乐等);

3)动态控制模式(照度、声感、红外);

4)远程联动控制强制模式(与消防工程结合);

5)混合(优先级)。

公共照明监控原理如图 3-17 所示。

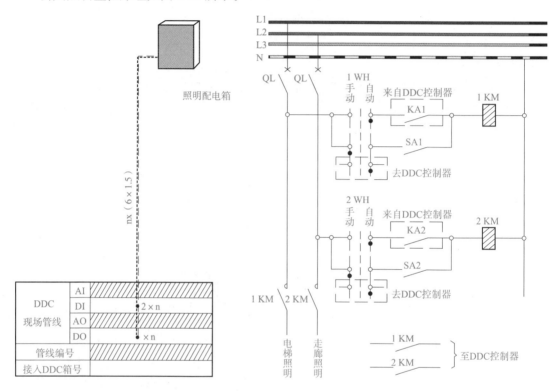

图 3-17　公共照明监控原理图

4. 给水排水系统监控

(1)监测各水泵或水处理设备开关状态、故障状态、手/自动状态。

(2)监测各水池的高低水位,超过极限值则报警。

(3)控制方案:根据水位传感器的信号启停水泵,如需要,还可以增设水流开关来保护水泵。自动记录水泵运行时间,方便选择运行水泵,实现设备运行时间和使用寿命的平衡。

给水排水系统监控系统如图 3-18、图 3-19 所示。

5. 电梯系统监控

(1)电梯监控由计算机、通信网络、现场控制器 DDC 组成智能化监控系统。电梯系统主要监视电梯的运行状态、故障检测、工作时间统计、火警消防强切、安防协同等,可通过节点的形式实现,也可以通过网关形式实现。

(2)电梯群控监控设计依据楼宇的实际服务区段及区域自动分配,利用梯内外的探测器,如红外、图像等,与 DDC 现场总线传输到控制网络,分析并计算楼宇各区域的多台电梯实际工作情况,以便随时满足楼宇不同区域不同厅站的召唤,节能而高效。

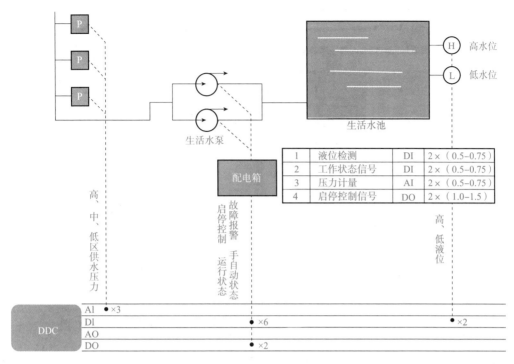

1	液位检测	DI	2×（0.5-0.75）
2	工作状态信号	DI	2×（0.5-0.75）
3	压力计量	AI	2×（0.5-0.75）
4	启停控制信号	DO	2×（1.0-1.5）

图 3-18 给水系统监控示意

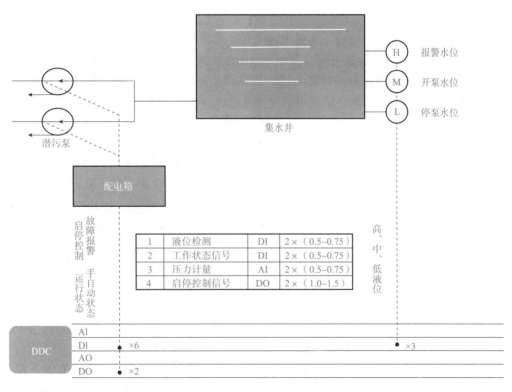

1	液位检测	DI	2×（0.5-0.75）
2	工作状态信号	DI	2×（0.5-0.75）
3	压力计量	AI	2×（0.5-0.75）
4	启停控制信号	DO	2×（1.0-1.5）

图 3-19 排水系统监控示意

电梯系统监控示意如图 3-20 所示。

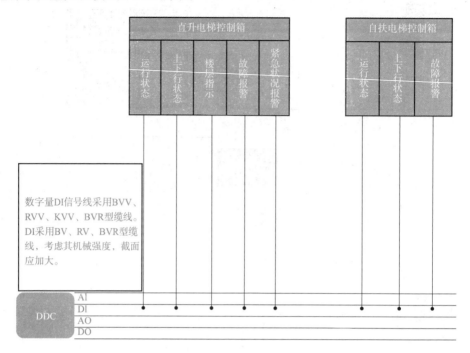

图 3-20　电梯系统监控示意

6. 系统产品举例

(1)美国江森自控公司于 1885 年在美国成立,是国际上 BAS 设备的主要供应商,在北京、上海、深圳均设有分公司,在我国的项目有北京燕莎中心、上海商城、广东国际大厦等。METASYS 是江森自控公司制造的建筑物自动化系统,该系统专门用于对各种建筑物内各个设备进行集中监控,从而使建筑物设备运行达到最佳化并提高管理效率。

(2)霍尼韦尔公司(Honeywell)是 1885 年在美国成立的一个 BAS 设备主要供应商。在北京、天津、上海均设有分公司或服务中心,在我国的项目有北京燕山饭店、上海银河宾馆、深圳中银大厦等。EXCEL5000 是一套集散型控制系统,采用共享总线型网络拓扑结构的以太网,传输速率为 10 Mbps,分站直接挂在总线上。结构化布线(SCS)支持 EXCEL5000。

(3)卓灵公司(Trend)是英国专业 BAS 设备制造商,该公司成立于 1980 年。在我国的项目有北京新世界广场、上海嘉里不夜城、武汉泰合广场、深圳富临大酒店等。

(4)美国 KMC 公司(克鲁特控制)有多年制造建筑物自动化系统的经验,它的变风量(VAV)控制系统占有市场份额很高。该公司生产 KMDigtal 建筑物自动化系统。在我国的项目有北京邮电部电信科研楼、北京贝尔综合楼、西安城市运动员村、上海中银大厦等。

(5)中国海湾安全技术股份有限公司,HW-BA5000 楼宇自动化控制系统。

(6)西安协同数码科技股份有限公司,Synchro BMS 建筑物自动化管理系统,FMS 物业管理系统。

(7)上海格瑞特科技实业股份有限公司,针对楼宇内各种机电设备进行集中管理和监控。在整个楼宇范围内,通过格瑞特(GREAT)楼宇自控系统解决方案,能耗分项计量应用软件实施整套楼宇自动控制系统及其内置最优化控制程序和预设时间程序,对所有机电设备进行集中管理和监控,例如,DDC 控制器(扩展模块)风管温度、湿度变送器等产品。

1. 调研国内外常用 DDC 类型，比较分析。

2. 熟悉 DDC 控制器应用场景。

3. DDC 硬件组态的作用。

4. DX-9100 系列扩展数字控制器是用来解决冷机、锅炉设备、空调单元及分布式灯光等控制的数字控制器，扩展模块可以安装在 DDC 控制箱，一台 DDC 带的扩展模块总监控点不能超过 64 点。通过 DDC 编程实现空气处理系统内设备按照顺序启动、顺序停止及故障全停，或者顺序启动、顺序停止。其接线形式如图 3-21 所示。

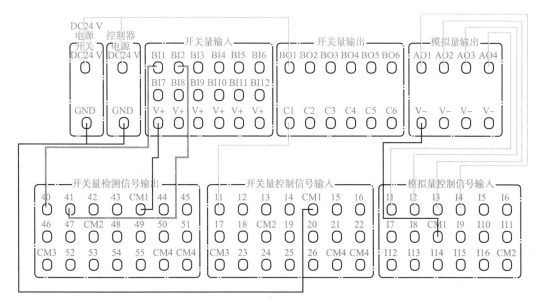

图 3-21　接线形式

任务二　建筑能效监管系统

任务目标

　　应用智能化集成系统技术，对建筑内各用能系统的能耗信息予以采集、显示、分析、诊断、维护、控制及优化管理，通过资源整合形成具有实时性、全局性和系统性能效综合职能管理功能的系统，实现"管理节能"和"绿色用能"。

能力要求

　　理论要求：
　　1. 熟悉建筑能效监管系统基本组成；
　　2. 了解公共建筑能耗监测的范围与住宅常用能耗计量的分项监测内容。
　　技能要求：
　　1. 熟悉建筑能效管理系统主要监控功能；
　　2. 了解建能耗监管系统网络架构；
　　3. 通过建筑设备能耗操作台，实现软件综合计量与控制三表（电、燃气、水）；
　　4. 初步具备利用物联网、云计算、大数据等智能化集成技术，构建智慧能源系统的方案规划能力，实现运维智能化。
　　思政要求：
　　培养学生的环保、健康和安全意识，树立地球是我们人类共同的家园的观念，关注智能化系统对节能的措施。从自身、从校园开展能耗节约意识宣传，关注建筑节能与绿色建筑关系，了解建筑能效监管系统的应用。

任务流程

　　1. 在教师指导下，观察建筑物监测用能设备的性能、运行状况，完成能耗计量与分析的调研；
　　2. 以绿色建筑内各用能设施基本运行为基础条件，依据各类机电设备运行中所采集的反映其能源传输、变换与消耗的特征，采取哪些技术实现能效控制策略、构建能源最优化专家管理决策系统；
　　3. 结合国家绿色低碳、节能减排要求，调研能效管理系统：能耗分项计量、能源综合管理系统和节能控制系统以及各类传感器在线监测系统的平台技术。

姓名：　　　　　班级：　　　　　　　　学号：

小组名称		小组成员		
项目名称	建筑能效平台监控		成绩	
实训目的	1. 熟悉公共建筑能耗监测的范围(冷热源、供暖通风和空气调节、给水排水、供配电、照明、电梯等建筑设备)； 2. 熟悉住宅常用能耗计量的分项：电量、水量、燃气量； 3. 通过建筑设备能耗操作台实现水、电、燃气采集及监控			
实训说明	1. 建议 3 人一组开展； 2. 掌握 HBA700 软件添加水、电、燃气表参数的方法			
实训要求	1. 了解建筑能效监管系统的监测范围； 2. 分析住宅建筑能效监管系统数据采集框图			
实训内容	1. 分析公共建筑电量、水量、燃气量采集内容； 　对建筑中的电、水、燃气、燃油、集中供冷供热等的用量实现监测和计量；对建筑中能耗最大的电能实现精细化管理； 2. 分析智能小区住宅远程抄表设计方案； 3. 了解建筑节能与绿色建筑意义。 			

序号	评价项目及标准	小组自评	小组互评	教师评分
1	公共建筑能耗监控平台内容(40 分)			
2	分析智能远程抄表模式(40 分)			
3	工作态度(10 分)			
4	安全文明(10 分)			
5	合计(100 分)			

遇到问题，解决方法，心得体会：

实训总结

扫码打开任务书

任务练习　建筑能效平台监控

采集设备：智能远传水表、智能热表，远传气表。

采集内容：生活冷水、生活热水、中水累计耗水量；建筑用冷量、建筑用热量、分户热(冷)量计量；

采集范围：给水泵房、水井计量水表、绿化用水；制冷机房、供暖机房、空调机房、二次泵站；建筑用燃气量、分户燃气量计量。

图例说明见表 3-5。

表 3-5　图例说明

序号	说明	图例
1	DC 24 V电源总线：WDZBB–BYJ（F）–2×2.5	————
2	WDZBN–RYSP2×1.0通信总线	··············
3	远程水表	
4	空调冷/热量表	
5	多功能电能表	
6	多功能智能仪表	
7	电气火灾监控探测器	
8	消防设备电源监控传感器	

一、建筑能效管理系统组成

建筑能效监管系统设计应符合现行行业标准《公共建筑能耗远程监测系统技术规程》(JGJ/T 285—2014)的有关规定。智能小区住宅中的水表、电表、燃气表、热能(有供暖地区)表计设置远程数字抄表采集系统，并与公用事业管理部门系统联网。公共建筑冷热源、供暖通风和空气调节、给水排水、供配电、照明、电梯等运营设备，须分项能耗计量，且对建筑的用能环节可适度调控；计量数据应准确，可优化分析建筑综合性能。

二、建筑能耗管理系统功能

(1)依据《智能建筑设计标准》(GB 50314—2015)，建筑设备管理系统应具有如下功能：

1)具有对建筑设备测量、监视和控制的功能；

2)具有对建筑物环境参数的监测功能，数据共享；

3)建筑设备能耗监测，应满足物业管理的需要，形成节能及优化管理相关信息分析数据和统计报表。能耗检测系统组成如图 3-22 所示。

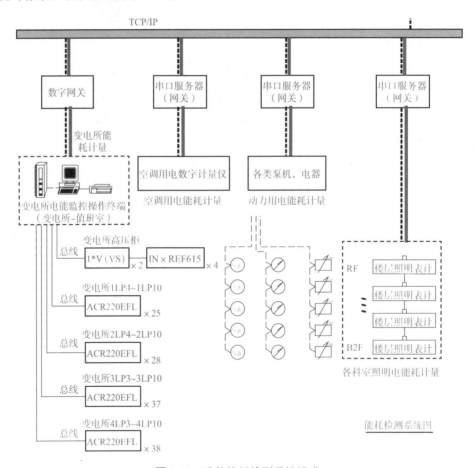

图 3-22　建筑能耗检测系统组成

4)可与公共安全系统等其他关联构建建筑设备综合管理模式。

（2）建筑能耗管理系统对支撑绿色建筑功效有辅助保障。绿色建筑的能耗指标包括建筑围护结构、空调系统、照明及其他建筑设备等。通过建筑能耗的统计数据，表达建筑实际的能耗数据(如耗电量、耗煤量、天然气消耗等)。

建筑设备管理系统可利用大数据技术、云计算、人工智能、互联网、物联网等技术，建立基于建筑设备监控系统的信息平台，满足绿色建筑实施节能减排的效果，从而能够合理管控建筑全生命周期的建筑设备运行，对实现建筑绿色环境综合功效具有辅助支撑的功能。

如《绿色建筑评价标准》(GB/T 50378—2019)，"资源节约"控制项要求"冷热源、输配系统和照明等各部分能耗应进行独立分项计量"，要求对照明系统、空调系统采取分区、定时、感应等节能控制，要求对电梯采用群控、变频调速或能量反馈等节能措施，要求对风能、太阳能等可再生能源利用，这些绿色建筑控制项或加分项要求，通过建筑设备管理系统，对建筑的电力、燃气、水等各类能耗数据进行采集、汇总统计、处理并分析建筑能耗状况，监测用能设备运行情况，满足绿色建筑综合功效。近期中国建筑研究院绿色节能中心开发的"基于BIM的绿色智慧建筑运维平台"(图 3-23)，利用 BIM 轻量化、互联网、物联网、自动化控制、大数据、云平台、人工智能等技术，不断集合和开发建筑各辅助系统，搭建互联互通、共享开放、多维互动的平台。使建筑以最绿色、最生态的方式运行，帮助建筑中的企业以最高效和最低资源消耗的状态运转，帮助在建筑中工作和生活的人们享受到更安全、高效和便利的服务与环境。智慧建筑运维平台系统与建筑设备管理业务相结合，能够提升运维效率，节约运行成本，加强设备设施的管控、提升物业服务品质、延长建筑寿命，提高绿色建筑整体形象。

通过该系统的实施可以达成以下效果：

1)用能安全和用能质量的监视与预警；

2)能源消耗情况统计与分析，找出低效率运转的设备，找出能耗异常情况；

3)针对不合理用能行为协助管理者找出优化方案，确定改进措施；

4)节能改造后的效果评价；

5)作为信息平台传递节能举措，公布节能效果，引导公众行为。

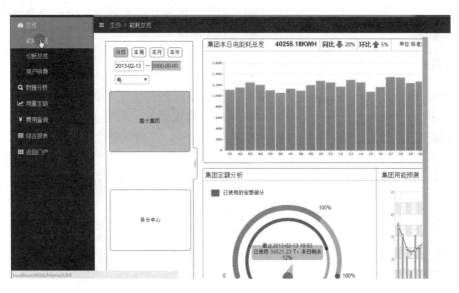

图 3-23　绿色智慧建筑能效平台

三、建筑能耗监测系统

本项目按绿色建筑二星级标准设计，采用能耗监测系统，对"冷热源、输配系统和照明等各部分能耗应进行独立分项计量"，并应满足《绿色建筑评价标准》(GB/T 50378—2019)中的控制项要求。

(1)本系统设置能源管理和计费系统平台，系统通过机电专业提供的能耗实时数据，对用电量、用水量进行能耗计量。经由信号处理通过网络传输至能耗平台，从而实现数据的统计、分析，为用户提供能源利用状况和节能改进依据，详见图3-24所示的复杂型能耗监测系统框图。平台服务器设置在一层消防安保智能弱电管理中心，其建筑能效监管系统设计应符合现行行业标准《公共建筑能耗远程监测系统技术规程》(JGJ/T 285—2014)的有关规定。

(2)本系统设置有变配电系统、空调用电、公共区域用电能耗(照明及插座)、用水量(总用水量、空调用水)、BA系统(暖通空调、各类泵机、公共区域照明运营状态)等设备运行；电梯用电采用独立计量方式。

四、数据处理子系统

(1)本系统主要由服务器、数字网关、传输线和相应管理软件平台构成。系统的实施采用由机电专业提供的智能表计(仪表)所采集的各能耗参数，通过数字网关统一转化成IP数据，经由弱电系统所设置的弱电专网进行组网接入平台。具体施工可由弱电系统集成商根据相应系统就近设置网关，通过弱电系统综合桥架提供的路由接入相应的弱电间或设备机房中的弱电专网信息点，从而接入能源管理平台。

(2)施工界面：本系统的智能表计(仪表)由相应的专业提供。如果不是智能表，由弱电系统设置相应的采集器。弱电系统集成商应根据智能表计(仪表、采集器)提供的能耗参数，通过数字网关的协议统一转换成TCP/IP协议数据包，接入能耗管理系统平台。其中，楼层办公区域的照明插座、B1F～RF的能耗管理与计量，待装修阶段电气设计结束后做深化设计。

弱电系统集成商应根据相关专业设计、施工现场提供的智能表计(仪表)的具体型号和数据格式，以及本系统设计、组网设计和路由设计，配置相应的网关完成系统的深化设计，并经设计院确认。

五、系统设计要点

在充分了解所要设计的工程类型、特点及管理需求的前提下，确定能耗的分类分项计量需求，选用符合规范的现场计量仪表，根据现场仪表数量、安装位置、线路敷设要求合理地配置数据采集器等通信采集设备，并根据系统规模，完成系统设计。

1. 监测点选择与配置

(1)电能表：采用数字式电能表，电源进线及变压器出线宜采用多功能仪表，监测电压、电流、功率、电能，精度优于0.5级；仪表具备RS485接口，MODBUS-RTU协议优先，也可为DLT645协议。对于楼层终端配电优先选择性价比高得多回路电能表。

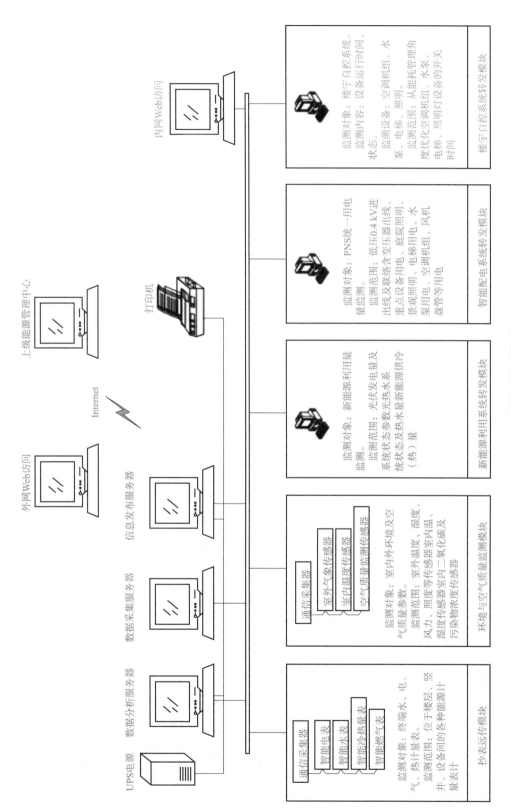

图3-24 复杂型能耗监测系统框图

上级能源管理中心

外网Web访问

内网Web访问

打印机

Internet

UPS电源　数据分析服务器　数据采集服务器　信息发布服务器

抄表远传模块

通信采集器

智能电表

智能水表

智能冷热量表

智能燃气表

监测对象：终端水、电、气、热计量表。

监测范围：位于楼层、竖井，设备间的各种能源计量表计

环境与空气质量监测模块

通信采集器

室外气象传感器

室内温度传感器

空气质量监测传感器

监测对象：室内外环境及空气质量参数。

监测范围：室外温度、湿度、风力、照度等传感器室内温、湿度传感器室内二氧化碳及污染物浓度传感器

新能源利用系统转发模块

监测对象：新能源利用量监测。

监测范围：光伏发电量及系统状态参数光热水系统状态及热水量新能源供冷（热）量

智能配电系统转发模块

监测对象：PNS统一用电重监测。

监测范围：低压0.4kV进出线及联络各变压器出线重点设备用电、庭院照明、景观照明、电梯用电、水泵用电、空调机组、风机盘管等用电

楼宇自控系统转发模块

监测对象：楼宇自控系统。

监测内容：设备运行时间、状态。

监测设备：空调机组、水泵、电梯、照明。

监测范围：从能耗管理角度优化空调机组、水泵、电梯、照明灯设备的开关时间

（2）水表：采用数字水表，应符合《饮用冷水水表和热水水表 第1部分：计量要求和技术要求》(GB/T 778.1—2018)的规定，精度不低于2.5级，优先使用M-BUS接口，也可使用RS485接口，MODBUS-RTU协议。监测点布置如下：

1）在建筑物（群）市政供水管网引入管配置数字水表；

2）宜在饮用水、集中供热水、生活用水供水管配置数字水表；

3）宜在厨房餐厅用水供水管配置数字水表；

4）宜在建筑物内按经济核算单元及不同用途的供水管配置数字水表；

5）宜在冷却塔及水景补充供水管配置数字水表。

（3）燃气表：采用数字式燃气表，应符合《膜式燃气表》(GB/T 6968—2019)的规定，精度优于2.0级。优先使用M-BUS接口，也可使用RS485接口，MODBUS-RTU协议。安装位置如下：

1）建筑物（群）市政供气管网引入管；

2）厨房、餐厅用气供气管；

3）燃气锅炉供气管及燃气机组供气管；

4）建筑物内消耗燃气的独立经济核算单元。

（4）冷（热）量表：应采用数字式冷热量表，误差不大于5%。优先使用M-BUS接口，也可使用RS485接口，MODBUS-RTU协议。安装位置如下：

1）冷（热）源的入口处；

2）业主行使管理功能的特殊要求处。

2. 系统设计

本项目对非电量信息现场采集（图3-25），如水耗量、燃气耗量、集中供热耗热量、集中供冷耗冷量等。本系统作为能源管理系统的子系统，采用远程传输手段实时采集能耗数据，以达到节能目的。该系统预留"云计算"体系，可对能耗数据、物业操作管理数据、用户交互数据、费用数据、建筑信息、节能过程记录数据等数据进行现场分析，上传中心平台。

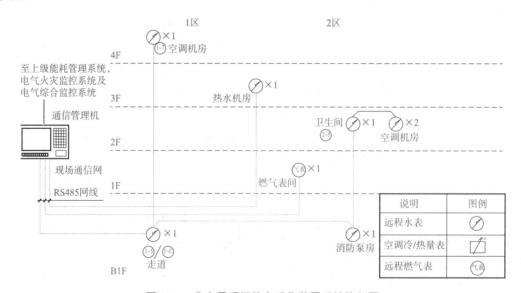

图 3-25　非电量现场信息采集装置系统构架图

熟悉建筑能耗监控内容：

1. 了解传统自动抄表系统。

2. 分析智能远程抄表系统特点。

3. 熟悉智能抄表系统形式：

(1)预付费表具(如投币表、磁卡表、IC 卡表等)；

(2)就地集中抄表(如车载无线电、红外线等)。

4. 依据图 3-26，叙述智能家居如何实现家用表计智能采集。

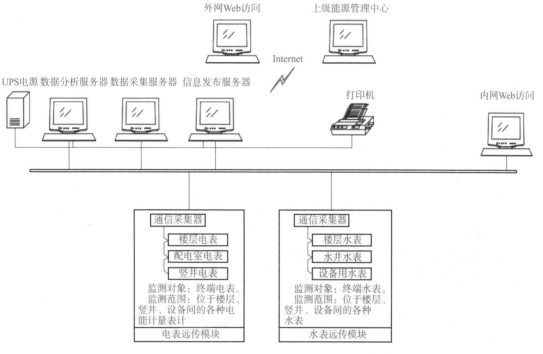

图 3-26　B/S 结构(Browser/Server，浏览器/服务器模式)

一、项目特点分析

基地位于城市副中心的核心商务区；项目用地分为 I1、I2、I3、I4 四个地块。该项目使用功能为商业、餐饮、办公楼及住宅，总建筑面积 186 200 m²，5 栋高层办公楼，商业建筑为多层，地下 2 层为停车场。在区域总体规划中，不仅拥有休闲绿地和开放式广场式的园林环境设计，还有高性能的信息与智能化系统规划，可实现网络化办公和电子商务现代化的商业、科技服务中心。

该项目在 I2 地块地下一层设置总通信机房及进线间，配置网络管理服务器、数据库、UPS、交接箱、路由器、集线器和总配线箱等设备，满足各电信运营商的进线及设备安装要求。设计预留总通信机房进线间至各区域弱电设备间的管线路由，各电信运营商提供的有线通信、无线通信、数据通信、有线电视；该项目建立统一的 IP 通信网络，多系统共用一套数据网络，系统及终端采用统一 IP 方式；按照各个系统信息的传输要求，进行 VLAN 划分。

本次设计在一层智能化监控机房设置中央监控管理站，与消防控制（总）中心加隔墙合用，见教材附图 1 一层弱电进线及进线间剖面。机房安装有中央监控管理系统软件的数据服务器、管理工作站和相应的通信设备等，通过它可以实现对全系统的集中监督管理及运行方案指导，必要时也可进行远程控制。

二、设计依据和原则

（一）设计依据

该建筑智能化系统设计方案严格遵循以下内容：

(1)建设方提供的项目有关资料和智能化系统任务书；

(2)建筑、结构、给水排水、暖通、电气工种提供的图纸；

(3)国标及其他一些可适用的规范、规程、标准等：

1)《民用建筑电气设计标准》(GB 51348—2019)；

2)《建筑物电子信息系统防雷技术规范》(GB 50343—2012)；

3)《智能建筑设计标准》(GB 50314—2015)；

4)《安全防范工程技术标准》(GB 50348—2018)；

5)《综合布线系统工程设计规范》(GB 50311—2016)；

6)《低压配电设计规范》(GB 50054—2011)；

7)《重点单位重要部位安全技术防范系统要求 第 8 部分：旅馆、商务办公楼》(DB31/T 329.8—2019)；

8)《智能建筑工程施工规范》(GB 50606—2010)；

9)《绿色建筑评价标准》(GB/T 50378—2019)；

10)《火灾自动报警系统设计规范》(GB 50116—2013)；

11)《欧洲电工标准》(EN50090)；

12)《住宅建筑电气设计规范》(JGJ 242—2011)；

13)《分散型控制系统工程设计规范》(HG/T 20573—2012)；

14)《自动化仪表工程施工及质量验收规范》(GB 50093—2013);

15)《电力建设施工质量验收规程 第4部分热工仪表及控制装置》(DL/T 5210.4—2018);

16)《通风与空调工程施工质量验收规范》(GB 50243—2016);

17)《民用建筑供暖通风与空气调节设计规范》(GB 50736—2012);

18)《建筑给水排水及采暖工程施工质量验收规范》(GB 50242—2002)。

(二)设计原则

该项目绿色建筑设计预评估为二星级,规划为用户提供一个高效、节能、可靠的智能控制系统,因此,该项目楼宇自控系统设计应充分考虑以下几项基本原则:

(1)先进性与实用性:在设备选择上注意其针对性,适度超前;

(2)成熟性与可持续性:所选用的设备在国内必须有多项成功案例,符合今后发展趋势;

(3)灵活性和开放性:基于 LonWorks 现场总线技术开发,产品通过 LonMark 认证,系统的开放性得到验证,整个系统具有开放性和兼容性;

(4)集成性和可扩展性:充分考虑工程整体智能系统所涉及的各个子系统的信息共享,确保智能系统总体结构的先进性、合理性、可扩展性和兼容性,能集成不同厂商、不同类型的先进产品;

(5)标准化与模块化:在网络结构上,DDC 之间可以双向通信和协同完成控制功能,采用对等网络结构,有效避免了网络故障,实现了集中监视、分散控制的集散控制系统,使风险尽量分散,且 DDC 之间有冗余和冗错功能;

(6)安全性与可靠性:在设备选择和系统设计中,系统管理程序中采取严格网络等级操作措施可防止非法访问和恶意破坏;

(7)综合智能:建立基于建筑的测控和信息网络,利用 BIM 技术,预留智慧城市基础设施,实现绿色建筑发展的持续科技动力。

三、需求分析

采用楼宇自控系统的目的如下:

(1)确保环境健康舒适;

(2)提高设备的整体安全水平和灾害防御能力;

(3)最佳控制达到节能的目的,降低建筑碳排放;

(4)使设备高效自动化运行,减轻人员的劳动强度;

(5)建筑设备运维自动化。

具体分析如下。

(一)建筑的功能特点分析

本地块地上部分由多层商业楼和高层办公楼及住宅楼组成。地下共两层,其中地下一层由超市、停车库和部分设备用房组成;地下二层由车库和设备用房组成。该项目将建立先进的综合物业计算机管理系统、集中的园区安全防范体系、自动化的机电设备监控管理系统、便捷的一卡通服务系统,以及提供全方位的信息服务平台和园区 Intranet 宽频网络。

公共区域、办公商务部分主要侧重于监测、调节设备用房各类机电设备,监测控制地下停车场、大堂等公共区域的水、电、风和照明工况,重点对空调、给水排水和照明进行监控管理。

(二)建筑的能源结构分析

该建筑的能源消耗主要在公共区域、办公商务部分,主要消耗的能源有电能、天然气、燃油和水等，依据不同业态实施能耗监测和能源管理策略(图 3-23)。BA 系统(简称 BA)在充分采用了最优设备投运台数控制、最优起停控制、焓值控制、供水系统压力控制、温度自适应控制等有效的节能运行措施后，可以使建筑物减少 20％左右的能耗，实现双碳目标下绿色建筑的可持续发展。

四、BA 系统设计

空调制冷、供暖通风、给水排水、热力、柴油发电机系统、公共区域照明系统等均纳入 BA 系统进行监控。变配电所设置独立的变配电管理系统，预留与 BA 系统联网的网关接口。建筑设备监控系统由传感器、直接数字控制器(DDC)、传输线路、网络控制器、集线器、执行器、显示器等组成，见本书附图 2 电气综合监控系统拓扑图。要求监控中心内的主机、现场的各种传感器、变送器以及 DDC 控制器等与承包商配合深化设计。

对公共区域、办公商务楼宇，BA 系统整体采用分布式集散控制方式的两层网络、三级设备组成，管理层和控制层。示意如图 3-14 BMS 网络架构图，管理层采用 100M BASE-T 以太网，以标准 TCP/IP 协议互相通信，工作站、现场控制器及网络控制引擎(NAE)经综合布线系统接入大楼局域网，组成建筑设备管理系统网络，实现大量数据、图形的交互。控制层采用成熟的开放总线技术 BACnet 通信协议，现场控制器通过数据通信线接入系统网络控制引擎，具有实时性、抗干扰能力强的特点，系统架构可以提供 TCP/IP、OPC、ODBC、LonWorks 等开放手段，可完成向下读取变配电系统、电梯、发电机、冷水机组、锅炉等数据，接入建筑设备管理系统，又能够向上为纳入智能化系统集成提供基础。监控主机设在一层总监控中心内。

系统采用 Metasys 系统扩展结构(MSEA)，包括通信网络、N1 总线、网络构造、动态数据存取，N2 总线、中央操作站、网络控制单元(NCU)、直接数字式控制器(DX-9100/KT-XP)模块。

楼宇设备自控系统主要对以下系统进行监控：

(1)热交换系统：设备定时启停控制，参数检测及报警；

(2)新风处理机组系统：温度、湿度调节、设备定时启停控制，联锁保护；

(3)多联分体机空调系统：采用集中管理方式通过网关与 BA 系统通信；

(4)给水排水系统：监测水池、生活水箱、集(污)水井的液位，并对超高液位和超低液位进行检测报警；

(5)电力监控系统：通过网关方式获取各种电力参数，提供数据线将实时数据传至 BA 主机，使管理人员监视整个建筑的电力运行动态；

(6)照明控制系统：设置智能照明系统，通过网关对公共区域的照明(包括道路、景观、单元/楼层大堂灯光)采集信息，对其进行监控，按设定的时间表自动控制照明回路开/关；

(7)电梯、自动扶梯系统：读取电梯监控主机上传信息，将系统实时数据传至 BA 系统主机，使管理人员及时掌握设备运行动态；

(8)远程数字抄表(电表、水表及燃气表)：BA 系统主站与分站之间通信电缆采用屏蔽电缆，干线于地下室、弱电竖井内采用桥架敷设。

本系统采用的直接数字式控制器 DDC 为美国江森(JOHNSON CONTROLS)公司开发的产品，包括其专门的图形配置软件包，它将 DDC 控制器的精确性及灵活性集中于小巧而可管理的单元内，它既可作为一个独立的智能控制器而运行，又能作为上位机自控网络的一部分。数字控制器(DDC)有以下三种类型：

1)DX 系列：DX-9100-8154、DX-9100-8454；

2)FX 系列：FX15、FX10、FX05；

3)FEC 系列：FEC1610、FEC2610。

本系统选择 DX-9100 控制器及一系列的传感器、驱动器、控制阀门，可控制冷冻机组、HVAC 空调系统及其他制冷采暖的设备。系统 DDC 控制器及其扩展模块上的输入输出点数量，考虑了 15% 左右的备用量，作为将来可能的调整及设备增加之用。见本书附图 3-BA 系统图(局部)。

1. 通风空调系统

该地块内多层商业用房的冷热源拟采用多联机中央空调系统提供，便于后期小业主的独立管理与计费，也能满足商业用房不同时段的使用需求，多联机空调室外机设于顶层屋面。该地块内高层办公商务楼采用多联机中央空调系统，根据建筑平面按区域分系统设置，其小隔间设置天花嵌入式四面出风机，一层大堂中庭等高大空间采用暗藏式风管机，送风形式为侧送顶回。空调新风系统由直膨式新风机组提供，新风室内机分楼层设置于各层的新风机房内，同时，在公共区域设置 CO_2 浓度传感器控制风机启停。

空调机、新风机、排风机、送风机、生活给水泵(液位控制)等采用 DDC 及手动控制。排风兼排烟风机，进风兼补风风机。平时由 DDC 系统控制，火灾时由消防控制室控制，消防控制室具有控制优先权。用于消防时，设备的过载保护只报警，不跳闸。

2. 供配电系统

该项目设置 10 kV 变配电所，采用电气综合监控系统及信息采集系统，见本书附图 4。针对供配电系统设置的高低压柜，对开关运行状态、负载电流、变压器温度和发电机等各项运行数据进行监视及报警联动，对室外绝缘油箱油位进行监控。电气综合监控主机设置在消防控制室内，同时，变电所值班室内设置具有电力监控及能耗管理的显示屏。监控主机支持电气火灾监测、消防设备电源监测及电力监控等多种嵌入式组态软件，并同时具有分屏、调阅及管理控制功能。该系统需要与供电局审核，须提供标准的数据通信接口与供电局联网，同时预留接口给 BA 系统。BA 系统采用网关通过标准的数据通信协议方式从中获得各项内部参数，进行各项监控。

3. 智能照明

本项目采用集中供电点式监控智能照明系统，系统由组合式智能(点式)控制器主机、智能中央电池主站、安全电压型智能控制器分机、安全电压类集中电源点式监控型标志灯、集中电源点式监控型照明灯等设备组成，设 1 台控制器主机在消防控制值班室内，见本书附图 5 楼层配电箱信息采集装置系统构架图。监控系统包括智能应急疏散照明标志灯、公共照明、停车场照明、室外景观照明系统，智能照明控制系统自成体系，并将其运行状况通过标准的通信接口及通信协议上传给楼宇自控系统管理机。表 3-6 为智能照明监控区域功能。

表 3-6　智能照明监控主要功能表

监控区域	控制方法
智能应急疏散照明	本集中供电式点式监控智能(消防)应急疏散照明系统，要求保证系统所有设备灯具受到监控，以便在火灾发生时能够确保提供快速、可靠的照明

监控区域	控制方法
会议室等办公场所	系统采用总线型网络拓扑结构,按照场景设置控制模式,如报告模式、研讨模式、备场模式等;充分利用自然光,照明灯具的布置按临窗区域及其他区域合理分组,并采取分组控制
室外景观照明	按预先编排的时间程序设定值自动开关各配电盘回路
停车场(地下停车库)	按预先编排的时间程序,利用导光筒配合照度传感器设定值自动开关各配电盘回路
公共照明如门厅、电梯厅、大堂和走廊、卫生间	除定时开启关闭外,利用照度传感器、声光控等感应识别手段进一步降低能耗

4. 给水排水系统

该项目潜污泵采用液位传感器就地控制,水位超高报警、水位显示及泵故障由 BA 系统完成。消防专用设备:消火栓泵、喷淋泵、消防系统稳压泵、排烟风机、加压送风机等进入 BA 系统管理。消防专用设备的过载保护只报警,不跳闸。消火栓泵、自动喷洒泵等消防用水泵设自动巡检装置。具体见表 3-7。

表 3-7 BA 系统给水排水监控主要功能表

监控内容	控制方法
监测水池、水箱的高、低水位,超过极限值则报警	根据水位传感器的信号启停水泵,如需要,可增设水流开关来保护水泵
监测各水泵或水处理设备开关状态,故障状态,手/自动状态	自动记录水泵运行时间,选择运行水泵,实现设备运行时间和使用寿命的平衡

5. 电梯

电梯系统主要监视电梯的运行、故障、火警信号、工作时间统计等,还可监视电梯的上行、下行状态及楼层显示。该系统自动扶梯与自动人行道选用节能高效电机,具有节能拖动及节能控制装置,设置感应传感器控制启停,若在各段均空载时,可暂停或低速运行状态。电梯系统监视通过网关形式实现。BA 系统电梯监控主要功能见表 3-8。

表 3-8 BA 系统电梯监控主要功能表

监控内容	控制方法
系统监测及报警	自动检测电梯状态,故障及紧急状态报警

五、BA 系统控制分布图

系统电源供电设计:楼宇自控系统中各个控制器及现场的用电设备(如水阀执行器、风阀执行器等)的供电由机房进行统一供电。BA 系统分布图见本书附图 5,DDC 外部接线线缆选择见表 3-9。

表 3-9　DDC 外部接线线缆选择表

序号	监控功能	状态	导线规格	序号	监控功能	状态	导线规格
1	启停控制信号	DO	2×(1.0~1.5)	18	新风、回风、送风温度	AI	2×(0.5~0.75)
2	工作状态信号	DI	2×(0.5~0.75)	19	新风、回风、送风湿度	AI	4×(0.5~0.75)
3	故障状态信号	DI	2×(0.5~0.75)	20	送(回)水温度	AI	2×(0.5~0.75)
4	手动/自动转换信号	DI	2×(0.5~0.75)	21	低温保护信号	DI	2×(0.5~0.75)
5	远程/就地控制信号	DI	2×(0.5~0.75)	22	变频器开关控制	DO	2×(1.0~1.5)
6	故障报警信号	DI	2×(0.5~0.75)	23	变频器故障报警	DI	2×(0.5~0.75)
7	过滤网淤塞信号	DI	2×(0.5~0.75)	24	变频器频率	AI	2×(0.5~0.75)
8	风机压差检测信号	DI	2×(0.5~0.75)	25	变频器控制	AO	2×(0.5~0.75)
9	电动调节阀门	AO	4×(0.5~0.75)	26	照明控制	DI、DO	6×(0.5~1.5)
10	电动调节蒸汽阀	AO	4×(0.5~0.75)	27	电子巡查点	DI	2×(0.5~0.75)
11	电动调节阀	AO	4×(0.5~0.75)	28	出入口控制开关	DI	2×(0.5~0.75)
12	电动蝶阀	DI、DO	8×(0.5~1.5)	29	电梯状态	DI	2×(0.5~0.75)
13	防冻开关信号	DI	2×(0.5~0.75)	30	CO_2浓度	AI	4×(0.5~0.75)
14	流量信号	AI	4×(0.5~0.75)	31	液位检测	DI	2×(0.5~0.75)
15	流量开关信号	DI	2×(0.5~0.75)	32	电气参数检测	AI	2×(0.5~0.75)
16	旁路电动调节阀	AO	4×(0.5~0.75)	33	电量计量	AI	2×(0.5~0.75)
17	风管静压	AI	2×(0.5~0.75)	34	风速测量	AI	2×(0.5~0.75)

注：1. 数字量 DO 信号线采用 BV、BVV、RV、RVV、KVV、BVR 型导线。

2. 数字量 DI 信号线采用 BVV、RVV、KVV、BVR 型缆线。DI 采用 BV、RV、BVR 型缆线，考虑其机械强度，截面应加大。

3. 模拟量(AI/AO)信号线采用 RVVP 屏蔽线。

六、机房设置

本项目在一层设置消防安保及智能弱电管理中心，配置网络管理服务器、数据库、UPS、交接箱、路由器、集线器和总配线箱等设备，满足现行国家标准《数据中心设计规范》(GB 50174—2017)对机房工程的规定。

该机房设计时预留总通信机房进线间至各区域弱电设备间的管线路由，各电信运营商提供的有线通信、无线通信、数据通信、有线电视等通信光缆，电缆由室外引入进线间；该工程机房见本书附图 1。

七、BA 系统项目管理

1. 施工准备

原建设部在 2000 年年初发布《建设工程勘察设计资质管理规定》和《建筑智能化系统工

程设计管理暂行规定》，随后全国各地政府的建设和管理部门结合本地的具体情况，相继制定了与智能建筑相关的法规。由此，我国建筑智能化工程开始纳入工程建设行业管理范围，走上规范、健康的发展道路。图 3-27 所示为施工准备基础知识。

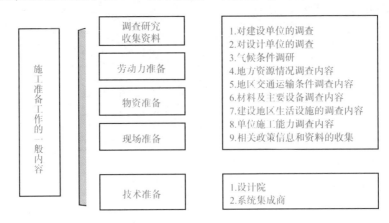

图 3-27　施工准备基础知识

2. 智能化系统工程的招标投标管理

目前，智能化系统工程项目的招标投标工作，一般有以下 3 种：

(1)系统总承包与安装分包模式，由工程总承包负责系统的深化设计、设备供应、系统调试、系统集成和工程管理工作，最后提供整个系统的移交和验收。管线、设备安装由专业安装公司预埋管线、预留孔洞等，需要业主和监理加强管理。

(2)系统总承包管理与分包实施模式，由工程总承包负责系统的深化设计和项目管理，设备供应、系统调试由分包商直接与业主签订合同，可有效节约成本，但关系复杂，容易推脱责任、延误工期。

(3)全分包实施模式，按各个子系统实施(包括系统集成子系统)施工，由分包商直接与业主签订合同，需要业主和监理加强管理，可有效节约成本，适宜于较小规模工程。

招标文件的编制关系到智能建筑业主所建大厦成败的关键，因此，编制文件应具有科学性、严密性和可实施性。坚持以数据说话，量化评审；坚持采用相关技术专家集体评审，细化分析投标商"技术方案"，考察相关能力，使定性决策为定量决策。

八、BA 系统工程验收

(1)楼宇自控系统的测试标准可以参照国家相关的楼控系统设计标准，楼宇自控系统的验收测试一般以采用设备厂家标准为基本依据。BA 系统工程检测的基本准则如下：

1)BA 系统的检测结合建筑设备现场实际情况制定检测方案；

2)BA 系统工程检测的合格率以设计的监控点数为基数；

3)BA 系统工程检测人员的专业技术能力应包括仪表、电气、计算机、暖通、控制、给水排水等领域，并对建筑设备的系统与工艺有深入的理解。

(2)BAS 的验收资料。

1)图纸与资料：系统图、控制原理图、监控点数表、技术设计图(安装大样图，控制盘内布置图，接线图，电气原理图)、施工管线平面图(包括管线端子图)、软件参数设定表(包括逻辑图)、产品说明书(包括产品随机资料)。

2)监控点测试数据表;

3)单体设备测试报告;

4)软件功能测试报告。

(3)楼宇自控 BA 系统工程测试内容。

检测一般可分为三个层次[中央监控站、子系统(DDC 站)与现场设备(传感器、变送器、执行机构等)]来进行功能检测。

1)中央监控站是对楼宇内各子系统的 DDC 站数据进行采集、刷新、控制和报警的中央处理装置。

2)子系统的检测(DDC 站)是可以独立运行的(下位机)计算机监控系统,对现场各种传感器、变送器的过程信号不断进行采集、计算、控制、报警等,通过通信网络传送到(上位机)中央监控站的数据库,供中央监控站进行实时显示、控制、报警、打印等。

3)现场设备的检测根据系统设计监控要求,电信号可分为模拟量和开关量。传感器、变送器是将各种物理量(温度、湿度、压差、流量、电动阀开度、液位、电压、电流、功率、功率因数、运行状态等)转换成相应的电信号的装置。执行机构是根据 DDC 输出的控制信号进行工作的装置。

功能检测是按区域进行的,以空调和公共照明区域为例,在 BA 系统的控制下,空调系统应保证提供舒适的室内温度和良好的空气品质,检测室内二氧化碳含量是否符合卫生标准;检测能否根据时间程序,控制公共照明区域灯的开关和设置夜间照明,以达到节能的目的。

 项目回顾

在建筑工程智能化系统设计与实施中,建筑工程智能化系统的建设,可拆分为如下分部分项工程:建筑设备监控系统及能效监管系统、火灾自动报警系统、入侵报警系统、视频安防监控系统、出入口控制系统、电子巡查系统、访客对讲系统、停车库(场)管理系统,同时,在信息接入机房、智能化综合管理机房搭建安全防范综合管理(平台)。通过提供的实际智能化系统工程(附图 3),深入理解建筑设备管理系统的基本概念组成;明确建筑设备监控范围及监控技术;同时关注建筑能效监管系统与绿色建筑关系。

 课堂思考题

1. 楼宇自动化系统(BAS)、建筑设备管理系统(BMS)、建筑物能源管理系统(BEMS)、建筑信息化模型(BIM)、智能建筑、绿色建筑的区别与联系有哪些?

2. 建筑设备管理系统的关键技术有哪些?

3. 在智能化建筑设计中,对 BAS,控制对象不包括(　　)。

　　A. 空调系统

　　B. 消防排烟系统

　　C. 照明系统

　　D. 给水排水系统

4. 建筑设备控制通常为( )。

　　A. 分散型控制系统

　　B. 集中型控制系统

　　C. 集散型控制系统

　　D. 离散型控制系统

5. 一般说，空气调节主要是指( )。

　　A. 对室温进行调节

　　B. 对空气的其他状态参数进行调节

　　C. 对空气的温度、湿度进行调节

　　D. 对空气的湿度进行调节

6. 楼宇自动化按其自动化程度可分为( )。

　　A. 消防自动化；广播系统自动化；环境控制系统自动化

　　B. 电力供应系统监测自动化；照明系统控制自动化；能源管理自动化

　　C. 单机自动化；分系统自动化；综合自动化

　　D. 设备控制自动化；设备管理自动化；防灾自动化

7. 下列智能楼宇用电设备中，属于一级负荷的是( )。

　　A. 消防电梯、消防水泵、空调

　　B. 通信设备、保安设备、消防设备

　　C. 消防设备、照明设备、管理计算机及外设

　　D. 电梯、消防水泵、防排烟设施

8. 总结本章节缩略语。

9. 归纳空调机组 DDC 采集信息：AI、AO、DI、DO(图 3-28)。

10. 图示说明集散型 BAS 的体系结构(图 3-29)(要求学生能对每一层次分别说明)。

**医学园区建筑设备管理系统
设计与实施**

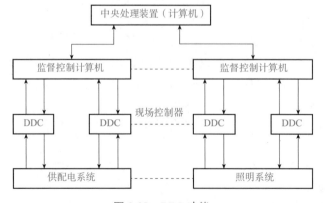

图 3-28　DDC 功能

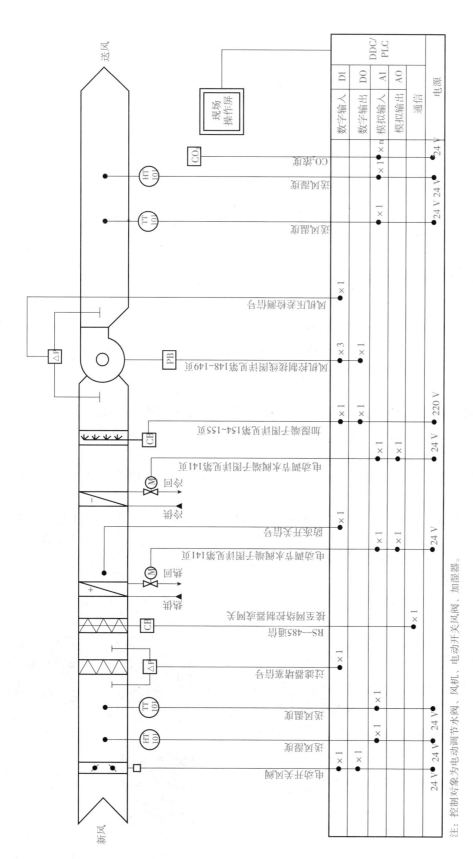

图 3-29 BAS新风机组监控原理图

注：控制对象为电动调节水阀、风机、电动开关风阀、加湿器。

信息设施系统

项目目标

1. 了解信息设施系统的组成及网络架构；

2. 掌握布线系统的形式及设计规则；

3. 了解综合服务数字网 ISDN 的基本功能。

能力目标

理论要求：

1. 熟悉建筑通信网络系统基本概念；

2. 了解信息网络系统、有线电视及卫星电视接收系统、公共广播系统的功能；

3. 依据工程需求，能够绘制综合布线系统总体方案。

技能要求：

1. 根据建筑工程的功能需求及投资情况，确定信息设施系统的内容；

2. 确定信息接入系统、布线系统、用户电话交换系统、信息网络系统、有线电视、公共广播系统、会议系统等子系统技术组成要求；

3. 依据语音、数据、图像、多媒体等业务信息传递的应用，选择综合布线系统网络结构形式；

4. 利用 BIM 技术认知智能建筑布线工程图纸，通过布线选择双绞线、光纤、无线，熟悉建筑物内线缆敷设工艺，并预留智慧城市技术接口，使其具有灵活性、适应性、可扩展性和可管理性的特点，合理设计系统。

思政要求：

使学生理解资源信息交换共享特点，挖掘系统的绿色化、智能化、数字化管理体系，培养学生拥有多元文化、多界面社交、信息畅通的沟通能力及团队协作能力。

项目流程

1. 以智慧校园为例，分析信息设施系统的组成；

2. 确定建筑布线系统的形式及设计规则；

3. 分析信息设施系统子系统，组建局域网架构，完成布线选择及实施；

4. 完成设计文案；以小组为单位在班级答辩、交流；学生和教师互相对内容进行点评和打分，最终汇总个人成绩；

5. 参考课时：10 课时；

6. 学习资源：

综合布线
六个子系统

办公楼综合
布线系统

智能楼宇
综合布线

案例分析　商务楼
综合布线系统

一、项目导入

项目概况：项目用地地块可分为 3 个地块，分别为 I1-01 地块、I2-01 地块及 I4-01 地块。以商业与办公为主。本项目定位为集高端办公、企业总部、住宅、精品社区商业中心的综合体。建成后成为多功能于一体的办公、购物、娱乐、居住、生活的场所，能够体现全方位服务的高档商务区域，并具有区域标识性。

二、工程需求分析

信息设施系统的设置是保障建筑内外的语音、数据、图像和多媒体等形式的信息，能够被有效接收、交换、传输、处理、存储、检索和显示。其是承载智能化建筑传递各子系统信息的神经系统，是智能化系统与建筑物外部城市信息网互联的"高速公路"，确保信息安全、稳定和可靠传输。建设智能化系统工程建设应遵循先进性、实用性、开放性、灵活性、可发展性、可靠性的核心理念。本项目信息设施系统建设主要体现在以下几个方面：

（1）打造高端办公楼宇的通信自动化、办公自动化；

（2）能够为业主提供便捷、安全的数字化语音、数据等多媒体信息服务；

（3）以高起点、高效率、高性能为目标，提供先进的管理手段及众多的增值服务，提升物业管理系统品质。

因此，本项目主要考虑以下信息设施系统的设计：

（1）通信系统（包含信息接入系统）；

（2）有线电视及卫星电视系统；

（3）有线广播系统（包括背景音乐及应急广播）；

（4）综合布线系统（不涉及网络设备）；

（5）会议系统；

（6）信息导引及发布系统；

（7）移动通信室内信号覆盖系统；

（8）无线对讲系统。

三、确定通信及综合布线系统方案

本工程采用通信及综合布线系统相结合的方式，利用综合布线系统建立高速、宽带的信息传送平台，为区域楼宇运营提供语音、数据、图像、多媒体等信息的高速传输通道。本系统各个功能区域设置智能化系统见表 4-1。

表 4-1　商务区办公楼智能化系统配置表

智能化系统		商业区域	办公区域	停车库
信息化应用系统	公共服务系统	＊	＊	＊
	智能卡应用	＊	＊	＊
	物业管理系统	＊	＊	＊
	信息设施运行管理系统	＊	＊	＊
	信息安全管理系统	＊	＊	＊
	通用业务办公系统	＊	＊	
	专用业务办公系统	＊(商务区)	—	＊(停车库管理系统)
智能化集成系统	智能化信息集成平台	＊	＊	
	集成信息应用系统	＊	＊	
信息设施系统	信息接入系统	预留	预留	
	综合无线覆盖系统	＊	＊	
	卫星电视及共用天线接收系统	＊	—	＊
	综合布线系统	＊	＊	
	闭路电视监视系统	＊	＊	＊
	用户电话交换系统	＊	预留	—
	信息网络系统	＊	＊	＊
	背景音乐广播系统(与紧急事故广播系统结合)	＊	＊	＊
	信息发布和查询系统	＊	＊	
	时钟系统	＊	预留	—
	会议系统	＊	预留	
	内部无线对讲系统	＊	—	＊
建筑设备管理系统	建筑能效管理系统	＊	＊	＊
	楼宇设备控制系统	＊	＊	＊
公共安全系统	火灾自动报警系统	＊	＊	＊
公共安全系统	安全技术防范 入侵报警系统	＊	预留	
	视频安防监控系统(与停车管理系统结合)	＊	＊	＊
	门禁系统	＊	＊	—
	访客管理系统	＊	＊	—
	巡更系统	＊	＊	＊
	停车库管理系统结合	—	—	＊
	安全防范管理平台	＊	预留	—
	紧急报警系统	＊	＊	＊

智能化系统		商业区域	办公区域	停车库
机房工程	信息接入机房	*	*	—
	有线电视前端机房	*	预留	—
	信息设施总配线机房＋智能化总控室	*	并到地下室物业管理	—

通信及综合布线系统设计方案如下：

（1）管理系统。本项目在 I2-01 地块地下一层设置总通信机房及进线间，配置网络管理服务器、数据库、UPS、交接箱、路由器、集线器和总配线箱等设备，满足各电信运营商的进线及设备安装要求。设计预留总通信机房进线间至各区域弱电设备间的管线路由，各电信运营商提供的有线通信、无线通信、数据通信、有线电视等通信光缆、电缆由社区路引入通信机房的进线间；该工程建立统一的 IP 通信网络，多系统共用一套数据网络，系统及终端采用统一的 IP 方式；按照各个系统信息的传输要求进行 VLAN 划分。

管理子系统配线架设在弱电间内，配线架采用 19 英寸机柜。图 4-1、图 4-2 所示为商务楼一层综合布线平面图及综合布线系统。

（2）确定综合布线系统工作区面积划分与信息点配置数量，参照表 4-2〔表格参考《智能建筑设计标准》(GB 50314—2015)〕。

表 4-2 办公区与商业按工作区面积配置信息点数量

建筑物功能区需求		商业建筑	酒店、旅馆建筑	商务办公建筑
每一个工作区面积/m²		商业区域：20~120	客房：每套房，	办公：5~10，公共区域：20~50，会议：20~50
每一个用户单元区域面积/m²		60~120	每一个客房	60~120
每一个工作区信息插座类型与数量	RJ45	2~4 个	2~4 个	一般：2 个，政务：2~8 个
	光纤到工作区 SC 或 LC	2 个单工或 1 个双工或根据需要设置	2 个单工或 1 个双工或根据需要设置	2 个单工或 1 个双工或根据需要设置

（3）配线子系统、干线子系统线缆设计。每个工作区信息点数量可按用户的性质、网络构成和需求来确定见表 4-3。

表 4-3 信息点数量配置表

建筑物功能区	信息点数（每一工作区）			备注
	电话	数据	光纤（双工端口）	
办公区（基本配置）	1 个	1 个	—	—
办公区（高配置）	1 个	2 个	1 个	对数据信息有较大的需求
出租或大客户区域	2 个	2 个以上	1 个或 1 个以上	指整个区域的配置量
办公区（政务工程）	2~5 个	2~5 个	1 个或 1 个以上	设计内、外网络时

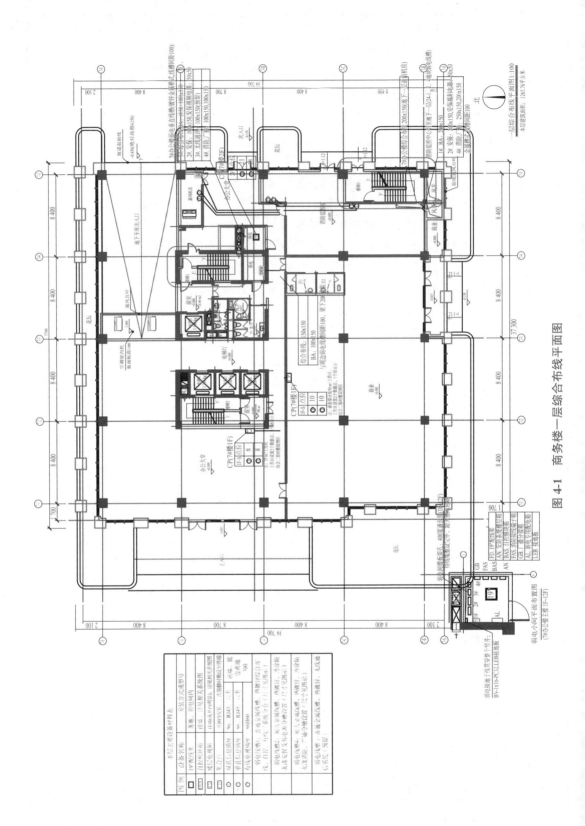

图 4-1　商务楼一层综合布线平面图

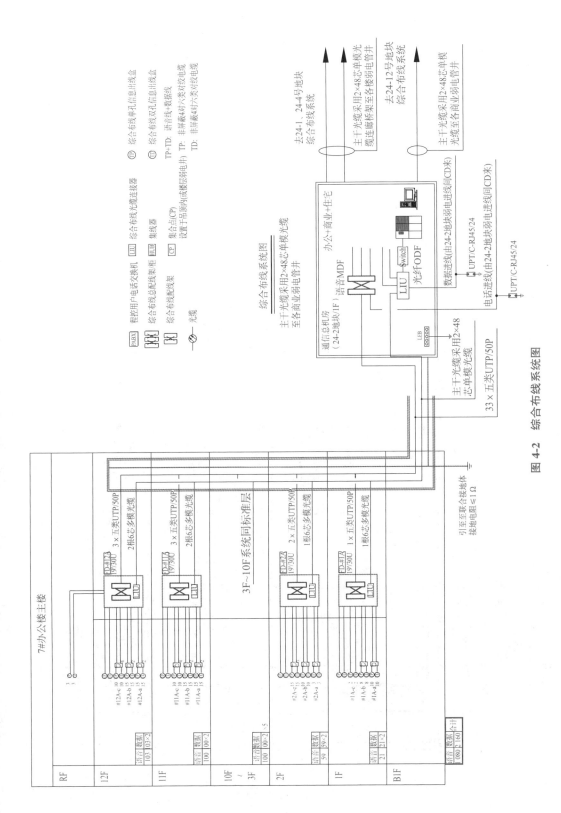

图 4-2 综合布线系统图

本地块采用水平及垂直电缆走线槽敷设；区域数据主干线采用千兆多模，语音干线采用超 5 类大对数铜缆，沿金属线槽敷设，出线槽吊顶内敷设或穿管暗敷设；每个电信间（弱电间）需要预留 20% 的余量。本地块的信息点与整个项目总数据通信网络设备相连接。

语音/数据终端采用 RJ45 六类，暗装，底边距离地 0.3 m。水平线缆为 6 类 4 对无屏蔽双绞铜线（CAT6/UTP/4P），对绞线缆的长度不应超过 90 m。

四、布置学习任务

（1）商务楼一层建筑平面图如图 4-3 所示；商务楼一层综合布线平面图如图 4-3 所示。

（2）依据表 4-4，确定综合布线系统工作区面积划分与信息点配置数量；例如，办公场所按每 8～10 m² 一个工作区域，每个区域设置 2 个数据点、1 个语音点；主要设备间预留若干语音及数据终端。商业按每 50 m² 设置 2 个数据点和 1 个语音点（本工程所有大开间的场所均在吊顶内设置集合点 CP）。

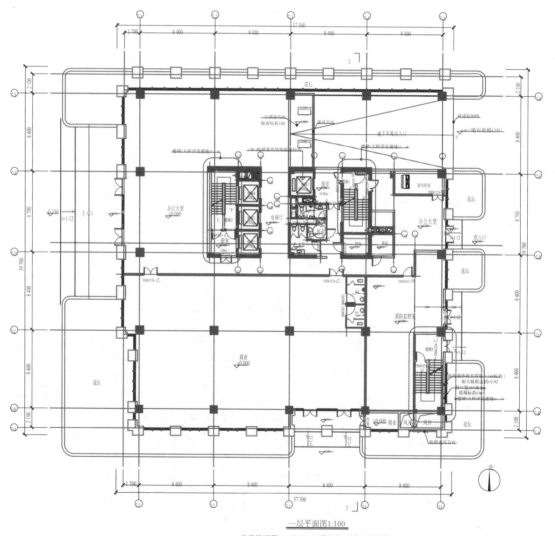

一层平面图1:100

总建筑面积：13 279.23平方米（计入容积率）
本层建筑面积：1 265.76平方米

图 4-3　商务楼一层建筑平面图

（3）依据表 4-4，在一层或 N 层建筑平面图中标注信息点配置数量。

表 4-4　工作区面积划分与信息点配置数量

区域 ＼ 功能	语音/数据数量	最低配置/m²	基本配置/m²	综合配置/m²
办公区	—			
商业区	—			
集合点 CP	—			

（4）依据层、区域信息点数量，计算主干电缆和光缆所需的容量，参考表 4-5。例如，语音信息点 8 位模块通用插座，相应的主干电缆则应按 2 对线配置；25 对端子配线模块可卡接 1 根 25 对大对数电缆或 6 根 4 对对绞电缆。

电话跳线按每根 1 对或 2 对对绞电缆容量配置，数据跳线按每根 4 对对绞电缆配置，光纤跳线按每根 1 芯或 2 芯光纤配置。

表 4-5　配线模块产品选用

类别	产品类型	配线模块安装场地和连接缆线类型			
	配线设备类型	容量与规格	FD(层弱电间)	BD(地下一层进线间)	CD(中心监控机房)
电缆配线设备	大对数卡接模块	采用 4 对卡接模块	4 对水平电缆/4 对主干电缆	4 对主干电缆	4 对主干电缆
		采用 5 对卡接模块	大对数主干电缆	大对数主干电缆	大对数主干电缆
	25 对卡接模块	25 对	4 对水平电缆/4 对主干电缆/大对数主干电缆	4 对主干电缆/大对数主干电缆	4 对主干电缆/大对数主干电缆
	回线型卡接模块	8 回线	4 对水平电缆/4 对主干电缆	大对数主干电缆	大对数主干电缆
		10 回线	大对数主干电缆	大对数主干电缆	大对数主干电缆
	RJ45 配线模块	24 口或 48 口	4 对水平电缆/4 对主干电缆	4 对主干电缆	4 对主干电缆

类别	产品类型	配线模块安装场地和连接缆线类型			
光纤配线设备	SC 光纤连接器件、适配器	单工/双工，24 口	水平/主干电缆	主干光缆	主干光缆
	LC 光纤连接器件、适配器	单工/双工，24 口、48 口	水平/主干电缆	主干光缆	主干光缆

(5)布置建筑各区域综合布线管线。各段电缆长度：对于办公楼、综合楼等商用建筑物或公共区域大开间的场地，宜按开放型办公室综合布线系统要求进行设计。

$$C=(102-H)/(1+D) \tag{4-1}$$
$$W=C-T$$

式中　C——工作区设备电缆、电信间跳线及设备电缆的总长度；

　　　H——水平电缆的长度，$(H+C) \leqslant 100$ m；

　　　T——电信间内跳线和设备电缆长度；

　　　W——工作区设备电缆的长度；

　　　D——调整系数，对 24 号线规 D 取为 0.2，对 26 号线规 D 取为 0.5。

各段电缆长度限值见表 4-6。

表 4-6　各段电缆长度限值

电缆总长度 H/m	24 号线规（AWG）		26 号线规（AWG）	
	W/m	C/m	W/m	C/m
90	5	10	4	8
85	9	14	7	11
80	13	18	11	15
75	17	22	14	18
70	22	27	17	21

(6)梳理系统及设备选型，见表 4-7。

表 4-7　综合布线各子系统中推荐所有的传输介质

子系统	传输介质	应用
配线子系统	电缆	语音和数据
	光缆	数据
建筑物干线子系统	电缆	主要用于语音和中低速数据
	光缆	中高速数据
建筑群子系统	电缆	主要用于语音和中低速数据
	光缆	多数情况下采用光缆

五、综合布线及通信网络实训

1. 实训目的

通过无线 AP、无线 AC、有线等网络设备，组建一个网络系统，对数据网络的结构初步认知。通过实训项目了解数据网络的工作原理；理解局域网工作组成；通过对程控交换机的配置，组建一个电话网络系统。

2. 实训任务

任务一：数据网络的结构及组建。

该任务用 RJ45 网络跳线、三层交换机、接入交换机及成就 3681 工作站等设备进行实训，通过使用不同的交换机与工作站之间进行连接数据交换，让学生对数据网络的组建有一个框架的认知。

任务二：局域网络的结构及组建。

该任务通过了解局域网的概念，熟悉局域网组建的流程，模拟学习组间，组建小组局域网，共享学习信息。

任务三：语音网络的组建操作。

模拟组建班级学习小组电话(集团电话)。通过对程控交换机的配置，完成内线呼叫任务。

任务四：设计、组建一个网络系统(设计文件)。

根据教学环境，利用综合布线技术，接入交换机、PC 终端连接，设计符合网络系统要求的局域网。

3. 教学楼综合布线系统设计

(1)本工程按综合配置设计。每个教室一组，办公部分按每 8 m² 一组信息点考虑；会议室按每 25 m² 一组信息点考虑；其他场所根据需要设置一定数量的信息点。

(2)综合布线系统由工作区、水平布线子系统、主干子系统、设备间、进线间及建筑群子系统组成；确定综合布线系统图。

工作区设置语音及数据通用的信息插座。末端支线采用六类电缆；出线端口采用六类连接器件。水平布线：采用铜芯非屏蔽 4 对对绞线(UTP)按 E 级 6 类的标准布线到楼内每个使用单元。对特定的场所和有特殊要求的用户也可使用光缆。楼层配线间：配线架选用落地 19 寸标准机柜。主干子系统：语音和数据主干线分别设置，主干线为电缆、光缆。

(3)本工程计算机和电话采用非屏蔽综合布线系统，水平选用六类电缆，沿金属线槽敷设或穿镀锌钢管敷设。计算机垂直干线选择六芯多模光纤，电话垂直干线选择 25 对大对数电缆。总配线架选用 1 200 对。机房工程设备布置图如图 3-6 所示。

4. 实训设备

(1)材料表，见表 4-8。

表 4-8　材料表

序号	材料名称	规格	数量
1	网线	超五类	按照现场需求
2	水晶头	8P	若干
3	成品网线	8P	2 根

（2）设备表，见表4-9。

表 4-9　设备表

序号	材料名称	规格	数量
1	工作站	成就 3681	1 台
2	接入交换机	锐捷 S2910	1 台
3	千兆防火墙	锐捷 WALL1600	1 台
4	无线控制器	锐捷 WS6008	1 台
5	无线 AP	RG720－L	1 台
6	PC 终端	成就 3681	2 台
7	程控交换机	朗视	1 台
8	模拟电话机		2 台
9	工作站	成就 3681	1 台

5.实训总结

实训总结，见表4-10。

表 4-10　实训总结

序号	评价项目及标准	小组自评	小组互评	教师评分
1	设计文件(实训报告)(40 分)			
2	上机实操(40 分)			
3	安全文明操作、工作态度(15 分)			
4	场地整理(5 分)			
5	合计(100 分)			

本工程弱电系统设计内容包括以下几项：

(1)语音、数据、图像结构化综合布线系统；

(2)安防系统(视频监控、入侵报警、门禁)；

(3)楼宇设备自控系统。

能耗监测与智能化系统：按照明、办公设备、空调、电力分项进行电能监测(电力主要指电梯、给水排水、通风等动力设备及信息中心、厨房餐厅等特殊用电)。公共建筑应按建筑功能区域设置电能监测系统，营业性场所等的出租单元应装设内部管理及收费的用电计量系统。图4-1、图4-2所示为办公楼弱电系统设计图纸。其图例符号见表4-11。

表4-11　图例符号

图例	设备名称	安装方式或型号
AN	安保系统楼层箱	挂墙，详见相关系统图
ACS	出入口控制器	吊顶内或门侧安装
	读卡器	挂墙，底盒嵌墙，底边离地1.5 m
	门磁开关	门框安装
	电控锁开关	嵌墙，底边离地1.5 m
	紧急求助按钮	嵌墙，底边离地1.5 m（残卫0.5 m）
	报警扬声器	挂墙，底盒嵌墙，底边离地2.2 m
	红外入侵探测器	吸顶
	离线式电子巡更信息按钮	嵌墙，底边离地1.4 m
	弱电线槽1	普通金属线槽，热镀锌，综合布线，自控，有线三系统分仓（尺寸见图示）
	弱电线槽2	耐火金属线槽，热镀锌，外涂防火漆，安保及其电源分槽设置（尺寸见图示）
	弱电线槽4	耐火金属线槽，热镀锌，外涂防火漆，消防，广播分槽设置（尺寸见图示）
	彩色半球形摄像机	办公走廊吊顶安装，离地2.5 m 车库内挂墙（柱），离地2.5 m
	电梯专用彩色摄像机	吸顶
	彩色云台摄像机，户外型带保护罩	外墙/立柱安装，离地3.5 m

姓名： 班级： 学号：

小组名称		小组成员		
项目名称	综合布线系统设计		成绩	
实训目的	1. 使学生掌握综合布线系统； 2. 培养学生的动手能力和创造能力			
实训说明	1. 建议 3 人一组开展； 2. 组建校园局域网，以教学楼为例			
实训要求	按照 4-1 商务一层建筑平面图设计 1. 计算综合布线系统信息点； 2. 搭建教学楼综合布线系统； 3. 依据提供建筑物或以教学楼为例设计方案，确定综合布线线缆选择及安装位置			
实训内容	阅读并思考空格内容： 1. 本教学楼按_____配置设计。办公部分按每_____ m² 一组信息点考虑；教学部分每_____ m² 一组信息点考虑；其他场所根据需要设置一定数量的信息点。 2. 参考综合布线系统图布置工作区、水平布线子系统、主干子系统、设备间、进线间及建筑群子系统的内容。 (1)设备间设置在_____层。 (2)工作区：按照需要在教学活动实训场所、办公室设置语音及数据通用的信息插座。末端支线采用_____类电缆；出线端口采用_____类连接器件。 (3)水平布线：采用_____(UTP)按 E 级 6 类的标准布线到楼内每个使用单元。对特定的场所和有特殊要求的用户也可使用_____。 (4)楼层配线间：水平布线的终结配线设备；集线器或交换机设备和其他弱电设备装置。楼层配线架选用_____。 (5)主干子系统：建筑物每层为_____；从楼层配线间至设备间的主干电、光缆终接于相应的配线设备。_____主干缆线分别设置。 (6)设备间：设在_____内，用来连接所有的_____，场地设有 300 mm 高架空防静电活动地板。整个楼宇的所有信息发送与交换都在电信机房进行，总配线架选用_____对。模仿机房工程设备布置图(图 3-6)布置弱电间。 3. 计算本工程的计算机和电话线缆选择，水平选用_____类电缆，沿金属线槽敷设或穿镀锌钢管敷设。计算机垂直干线选择_____光纤，电话垂直干线选择_____大对数电缆。 模拟场景：学校教学楼、综合楼。 (1)根据设计文件组网； (2)使用接入交换机、PC 终端连接，组成一个局域网； (3)通过组建电话网络系统，完成两个模拟电话机的互相呼叫； (4)完成系统配线，并性价比分析； (5)总结主要设备材料表。			

实训内容	
	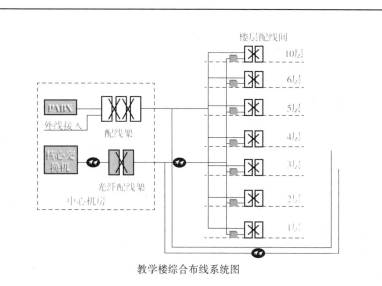 教学楼综合布线系统图

实训总结

序号	评价项目及标准	小组自评	小组互评	教师评分
1	设计方案文件(实训报告)(40 分)			
2	上机实操(40 分)			
3	安全文明操作、工作态度(15 分)			
4	场地整理(5 分)			
5	合计(100 分)			

遇到问题,解决方法,心得体会:

扫码打开任务书
任务练习 综合布线系统设计

一、信息设施系统概述

信息设施系统包括信息接入系统、布线系统、移动通信室内信号覆盖系统、卫星通信系统、用户电话交换系统、无线对讲系统、信息网络系统、有线电视及卫星电视接收系统、公共广播系统、会议系统、信息导引及发布系统、时钟系统等信息设施系统。通过信息设施系统实现建筑物内外相关的语音、数据和多媒体等形式的信息传输通道。针对不同建筑物，在进行智能化系统工程建设时，可将信息设施系统拆分为信息通信基础设施、语音应用支撑设施、数据应用支撑设施、多媒体应用支撑设施，选择适宜的配置系统，以适应信息网络各系统的融合及分系统资源集聚的共享。

信息网络系统承载建筑物内各类智能化信息，是智能化系统工程的神经系统。信息网络系统与各种信息终端(微机、电话、传真机、各类传感器等)连接，构成物联网，"感知"建筑环境各个空间的"信息"，通过物联网络控制终端(各类步进电机、阀门、电子锁和电子开关)，使建筑物具有"智能"功能。

信息设施系统已经覆盖现代建筑的方方面面，如图 4-4 所示。信息接入系统与建筑物内的布线系统应依据建筑运营模式、业务性质、应用功

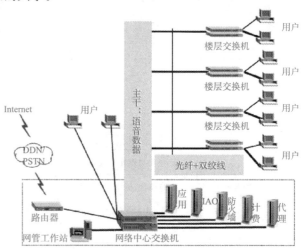

图 4-4 计算机网络系统接入系统

能、环境安全条件及使用需求，进行系统化的组网规划，统一规划、集约化建设，以达到路由便捷、维护方便的目的。

二、信息设施系统设计标准

信息设施系统的设置应保证建筑物信息管理、网络建设和各种专业应用软件与硬件设备全方位的覆盖及可持续的使用周期，为建筑及建筑群各个业务提供技术支撑和工作环境，同时采用适度超前、先进、适用、优化组合的成套技术体系，实现建立一个安全、舒适、通信便捷，环境优雅的数字化、网络化、智能化的建筑环境，应满足各个用户的需求。

综合布线系统是一个用于传输语音、数据、影像和其他信息的标准结构化布线系统，是保障信息传输与交换稳定、高速和安全运营及管理的关键技术。综合布线系统使语音和数据通信设备、交换设备及其他信息管理系统彼此相连接，是建筑智能化工程中连接各系统各类信息必备的基础设施。

各类业务信息网涉及等级保护的要求，设计时需根据系统应用的等级规定，严格遵照现行国家标准《信息安全技术 网络安全等级保护基本要求》(GB/T 22239—2019)相应等级的网络安全要求。

一、综合布线系统的概念和发展趋势

1. 综合布线系统的概念

综合布线系统(Generic Cabling System，GCS)是建筑物或建筑群内的传输网络，其包括建筑物到外部网络或电话局线路上的连线点与工作区的语音或数据终端之间的所有电缆及相关联的布线部件。

综合布线是一个模块化的、灵活性极高的建筑物内和建筑群之间的信息传输通道，是智能化系统工程的"信息高速公路"。其传输多种信号，将电话、电视、计算机、办公自动化设备、通信网络设备、监控设备及信息家电等设备间进行连接，并接入外部公共通信网络。

根据规范综合布线系统宜按以下六个部分进行设计：

(1)工作区：依据建筑物种类及区域功能应用，划分工作区的服务面积。

(2)配线子系统(水平子系统)：层弱电间配线架 FD 与工作区信息插座间双绞线及光缆见水平配线。

(3)干线子系统：承载由建筑设备间(进线间)BD 至层弱电间 FD 的语音、数据、多媒体等业务的主干电缆。

(4)设备间：安装配线设备的空间，如 BD、FD 配线架，弱电桥架等设施的电气竖井(管井)。

(5)管理系统：按一定规则编辑和记录，设备间、电信间及工作区的配线设备、缆线等设施，便于测试、维修。

(6)建筑群子系统：主要应用于园区外网工程，建立建筑群信息传输系统。

2. 综合布线的发展趋势

随着智慧社区系统的建设，智能化系统工程中云计算、大数据、物联网技术应用日益增长，搭建便捷、稳定、安全的布线系统成了建筑的基础建设项目之一，目前已出台的综合布线及产品、线缆、测试标准和规范主要有：商用建筑物电信布线标准(EIA/TIA 568—A)；国际布线标准(ISO/IEC 1180)；现场测试非屏蔽双绞线布线系统传输性能规范(EIA/TIA TSB—67)；欧洲标准：EN5016、50168、50169 分别为水平布线电缆、工作区布线电缆及主干电缆标准。

我国建设部有关标准规范及标准图集制订：《综合布线系统工程设计规范》(GB 50311—2016)《住宅区和住宅建筑内光纤到户通信设施工程设计规范》(GB 50846—2012)；《综合布线系统工程设计与施工》(20X101—3)；《地下通信线缆敷设》(05X101—2)；《智能建筑设计标准》(GB 50314—2015)。

虽然布线只是一个配线系统，但是近几年从以前的电话对绞电缆配线系统到今天的结构化综合布线系统，是智能化系统中最基本的组成系统，主要体现在以下几个方面：

(1)从低速率到高速率发展。随着 20 世纪 90 年代末千兆以太网的出现，6A 类、7 类、7A 类布线的应用应支持万兆网络的传输需求。

(2)从数据语音信号传输向各种信号综合传输方向发展，满足建筑物内语音、数据、图像和多媒体等信息传输的需求。

（3）从单一建筑向智慧社区发展，适应智能化系统的数字化技术发展和网络化融合趋向，支持各种弱电信号的综合传输，成为集成布线系统。

（4）《综合布线系统工程设计规范》（GB 50311—2016）中光纤到用户单元通信设施的强制性条文设计，符合《国务院关于印发"宽带中国"战略及实施方案的通知》的发展目标，可推进网络区域化发展、增强宽带网络的安全保障，同时促进信息产业链的不断完善。

二、综合布线系统的特点、适用范围

1. 综合布线系统的特点

综合布线系统一般由以下部件组成：传输介质；跳线与对接的配线架硬件；插座、插头、接头；转换适配器；信号传输及转换设备；电气保护设备；支持硬件（如测试工具等）。

上述部件都有各自的功能与作用，结构化布线为标准件，易于实施、改变、维修和升级。

综合布线应是开放式星型拓扑结构，每个分支子系统都具有相对独立的单元，分支单元系统改动都不影响其他子系统，只需要改变结点连接就可使网络的星型、总线、环形等各种类型网络间进行转换。

2. 综合布线系统的适用范围

综合布线采用模块化设计和分层星型拓扑结构，它能适应任何建筑物的布线。建筑物的跨距不超过 3 000 m，面积不超过 1 000 000 m^2。综合布线系统支持具有 TCP/IP 通信协议的视频安防监控系统、出入口控制系统、停车库（场）管理系统、访客对讲系统、智能卡应用系统，建筑设备管理系统、能耗计量及数据远传系统、公共广播系统、信息导引（标识）及发布系统等弱电系统的信息传输，可按各种场合选择适用的、高性价比的产品。

三、综合布线产品选型原则与经济分析

1. 综合布线产品选型原则

选择良好的综合布线产品并进行科学的设计和精心的施工是智能建筑的"百年大计"。我国的综合布线产品从初期的全部引进到现在的逐步发展，产品已相对稳定。目前有多种结构化综合布线产品，下面介绍几种主要结构化综合布线系统。

美国 AVAYA 公司（前美国电话电报公司的朗讯科技公司）生产的 SYSTIMAX 结构化布线系统（SCS）是一种集成化通用布线系统，适用于建筑物、工厂或建筑群内的语言、数据、图像传输网络。主要工程实例有广州好世界广场、上海浦东新区政府行政办公中心、北京市电信管理局、建设银行浙江省分行等。

加拿大丽特网络科技公司（NORDX/CDT）为北方电讯（Northern TEL）的电缆部门。其主要产品为综合建筑物分布网络系统 IBDN 和 RUN 家居布线系统。主要工程实例有南京禄口国际机场、上海图书馆、北京钢铁研究总院等。

美国泛达公司生产 PAN-NET 结构化布线系统，在国内主要工程项目有大连普蓝店供电局、天津地铁一期、北京国家专利局、光大银行总部等。布线系统新产品有 GIGA-CHANNEL 增强型 6 类布线系统，OPTI-JACK 高速光纤布线系统，能够支持吉位以太网、性能超过 6 类规范。它的小型光纤器件具有一定的特色。

美国安普公司在我国已经设有厂房，产品为 NETCONNET 开放式布线系统，有许多工程实例，如华联超级市场总部、北京解放军总医院、杭州浙江省人民政府三号楼、上海银行大厦、杭州浙江图书馆等。NETCONNET 系统有 110 连接系统、ACO 系统和 FSD 连接器 3 种系列。安普通信插座（ACO 系统）采用共享电缆，使用一条 4 对双绞线就可同时进行两路传送，更换接口灵活方便。FSD 连接器是符合光纤分布数据接口（FDDI）标准，适用于光纤数字网络。其主要产品有 NETCONNET 非屏蔽五类系统、超五类系统、Quanturn 六类系统。屏蔽的系统有 PiMF 300 系统和 PiMF 600 系统。其性能分别符合 6 类和 7 类布线标准。

美国西蒙（SIEMON）公司结构化布线产品有非屏蔽、屏蔽对绞线和光纤。系统多样化，有绿色环保布线系统、开放环境布线系统、家庭住宅布线系统。主要工程实例有交通银行、北京自来水公司、中国邮电部大楼、正大集团、天津海洋石油大楼等。

澳大利亚奇胜公司（CLIPSAL）和 MOD-TAP 公司建立了生产伙伴关系，生产 KATT 结构化布线系统。其系统的特点是有非屏蔽（UTP）和高密度插入式塑料接线板、信息插座、墙装机架、光缆产品。

杭州鸿雁电气公司（HIS2000）智能家居布线系统，可以接入计算机、电话、电视，还可以接入可视对讲电话、防盗报警、远程抄表等系统设备。

综合布线系统正是为了统一形形色色弱电布线的不一致、不灵活而创立的，如果在综合布线中再出现机械性能和电气性能不一致的多家产品，与综合布线的初衷背道而驰。因此，在众多产品中，应注意其电气性能、机械特性的差异，要选用符合国家标准的专业生产厂家的产品，不建议在同一系统中选用多家产品。

2. 综合布线系统经济分析

衡量一个建筑产品的经济性，应从两个方面加以考虑，即初投资与性能价格比。一般来说，发展商和用户希望建筑物所采用的设备，有好的使用特性，有一定的技术储备，若干年不增加投资，仍能保持一定的先进性。GCS 与传统布线方式相比，既具有良好的初期投资，又具有很高的性能价格比的高科技产品。

GCS 是将原有的相互独立、互不兼容的弱电系统集成为一套完整的布线系统，实现统一材料、统一设计、统一布线、统一安装施工，使结构清晰，便于集中管理和维护。

GCS 性价比高，体现在灵活性、多样性。一座大厦在设计和建设期往往有许多不可知性、出租、设备安置等不定因素，采用标准 GCS 布线后，具有通用性、扩展性、实用性、灵活性，能满足各种应用的要求，即任一信息点能够连接不同类型的终端设备，如电话、计算机、打印机、电传真机、各种传感器件及图像监控设备等。

四、综合布线的设计等级

根据《综合布线系统工程设计规范》（GB 50311—2016）中"3. 系统设计"要求：综合布线系统应为开放式网络拓扑结构，可支持语音、数据、图像、多媒体等业务信息传递的应用。目前，建筑物的功能类型较多，可根据实际工程选择适当配置的综合布线系统。例如，测算 1 000 个信息插座垂直干线需要量。综合配置，每个工作区 1 个双插座，计算机终端和电话各自占 50%，计算机网络采用光纤 HUB，每 48 个信息插座配置 2 芯光纤，电话或部分计算机网络采用对绞线，按信息插座线对数的 25% 配置，约需 20 芯光纤（可连接 1 个光纤 HUB）；8 芯电缆 125 组相当于 500 对线，可全部用于电话或部分用于计算机网络，则占用 1 个 8 芯组，应减少 4 个电话用户，但采用 HUB 后可扩展 12～48 个计算机网络终端用户。计算机垂直干线推荐用光纤，电话用垂直干线推荐用对绞电缆。信息接入系统应符合现行标准《有线接入网设备安装工程设计规范》(YD/T 5139—2019)的有关规定。布线系统设计与安装应符合现行国家标准《综合布线系统工程设计规范》(GB 50311—2016)的有关规定。

表 4-12 是依据工作区面积需求配置信息插座的数量。

表 4-12　综合布线系统配置表

配置标准＼配置内容		单位	最低配置	基本配置	综合配置
每个工作区配置信息插座		个	1	≥2	≥2
配线电缆(4 对对绞电缆)		条电缆/信息插座	1	1	1
干线电缆或光缆	对计算机网络应用	对线/24 个信息插座或对线/HUB 或 HUB 群	2 或 4	2 或 4	
		芯光纤/48 个信息插座			2
		对线/信息插座	1	1	1

注：1. 计算所得的光纤芯数，应按光缆的标准容量选取；
　　2. 计算的光纤芯数中，未包括 FTTD(光纤到桌面)的需要量在内；
　　3. 楼层之间原则上不敷设干线电缆，但应在每层 FD 中适当预留接插件的容量，供临时布线之用；
　　4. 在规定长度范围内，允许几层合用 HUB。

综合布线系统作为结构化的配线系统，采用标准的缆线与连接器件将所有语音、数据、图像及多媒体业务系统设备的布线组合在一套标准的布线系统中。同时，将适用性、灵活性、通用性应用于建筑设备监控系统、安全技术防范系统等建筑设备智能管理系统，为建筑智能化系统的集中监测、控制与管理打下了良好的基础。

布线系统配置可根据具体工程、建筑物种类进行设计。项目设计与工程建设中宽带网络的建设贯彻《"宽带中国"战略及实施方案》的目标要求，应严格遵守《综合布线系统工程设计规范》(GB 50311—2016)第 4.1.1、4.1.2、4.1.3、8.0.10 条(款)的强制性条文，加强"光纤到用户单元的方式建设"。

 课堂练习

请在图 4-5 中填写综合布线系统"子系统"的名称，并叙述其功能。

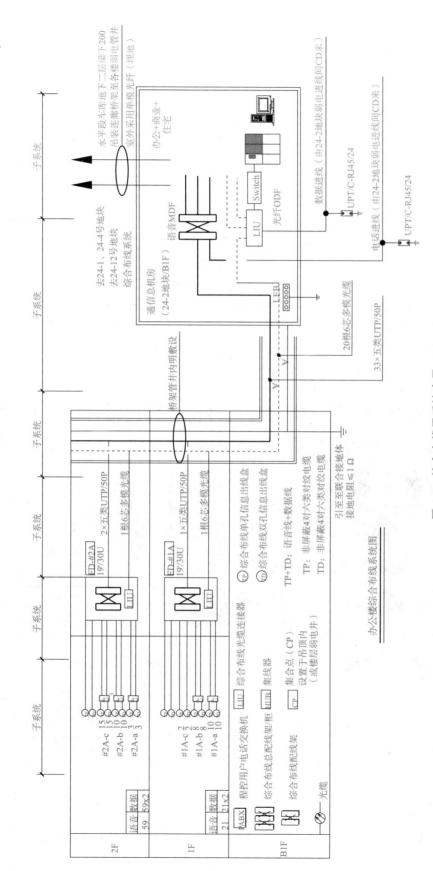

图 4-5　综合布线子系统应用

一、有线电视系统的形式

共用天线电视接收系统(Community Antenna Television)简称 CATV 系统，目前广泛采用 IPTV(交互式网络电视)及数字电视技术。

IPTV(Interactive Personality TV)系统的结构主要包括流媒体服务、节目采编、存储及认证计费等子系统，主要存储及传送的内容是以 MPEG-4 为编码核心的流媒体文件。通常基于 IP 网络传输，是一种利用宽带有线电视网，集互联网、多媒体、通信等多种技术于一体，向家庭用户提供包括数字电视在内的多种交互式服务的崭新技术。IPTV 系统由前端、网络传输和终端设备三部分组成。IPTV 系统的特点是实时性强，更适合交互式点播，也可以进行广播。信息的传送、分配、回传和管理由系统管理部分完成。

IPTV 用户端可以采用多种接入方式，最常使用的方法是 ADSL 和光纤电路的接入方式。用户可利用宽带，通过所需设备"互联网机顶盒＋普通电视机或计算机作为用户终端"就可享受到 IPTV 的全部精彩内容。与 IPTV 的分布式架构不同，有线数字电视 VOD 系统主要包括 VOD 服务、节目采编、存储及认证计费系统，是基于 DVDIP 光纤网传输。IPTV 有线数字电视广播架构如图 4-6 所示。

与传统模拟有线电视网络体系架构相同的有线数字电视广播网采取的是 HFC 网络体系。

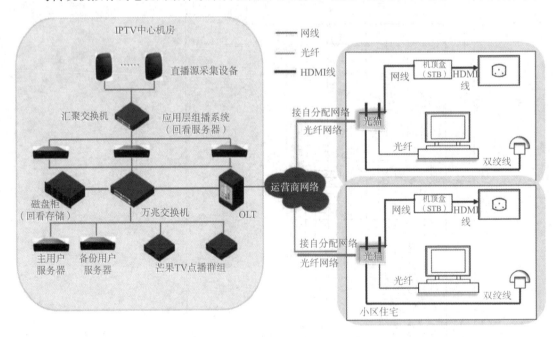

图 4-6　IPTV 有线数字电视广播网结构

二、有线电视系统工程

案例解读：本工程使用功能为商业、餐饮、办公楼及住宅，针对业主要求设置有线电视系统。有线电视网络设计采用集互联网、多媒体、通信三网融合的 IPTV 技术。进户线：采用宽带双向传输技术，住宅部分采用有线数字电视广播网，商业及办公部分采用 IPTV（交互式网络电视），以光缆方式引入地下一层有线电视机房。有线电视线缆在竖井内及水平主干采用金属线槽；住宅入户时，穿 SC 焊接钢管或 JDG 管敷设。有线电视线缆经用户信息箱内分配后，引至各有线电视终端插座。线缆穿管沿地坪、墙或板暗敷。本工程共有住户 673 户，每户引入一根视频线。每户住宅的客厅、主卧室和书房均设电视终端，以满足用户收看电视和提供多功能信息服务的需要。IPTV 信息接入网络形式如图 4-7 所示。

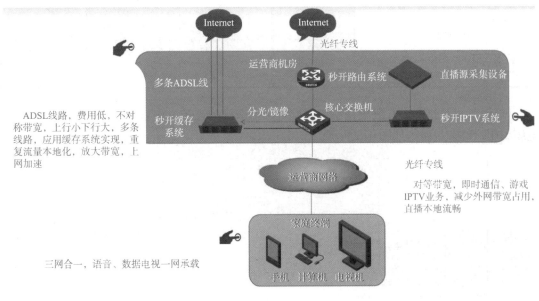

图 4-7　IPTV 信息接入网络形式

三、有线电视系统识读

(1)有线电视图例符号整理，见表 4-13。

表 4-13　有线电视系统常用图例符号

图例	名称	备注	图例	名称	备注
(TP) ⊤P	电话插座		Ψ	天线一般符号	
(TO) TO (TD) TD	数据插座		▷	放大器、中继器 一般符号	
(nTO) nTO	信息插座	n 孔信息插座		分配器，一般符号	表示两路分配器

图例	名称	备注	图例	名称	备注
◯ MUTO	多用户信息插座		⊲	分配器，一般符号	表示三路分配器
／／／ ／3 ／n	电线、电缆、母线、传输通路一般符号	三根导线 三根导线 n根导线	⊲	分配器，一般符号	表示四路分配器
AHD	住宅信息配线箱	嵌墙安装			

（2）设备材料整理。有线电视系统图反映网络系统的连接，包含光缆、同轴电缆、对绞电缆到用户终端设备，如图 4-8 所示。

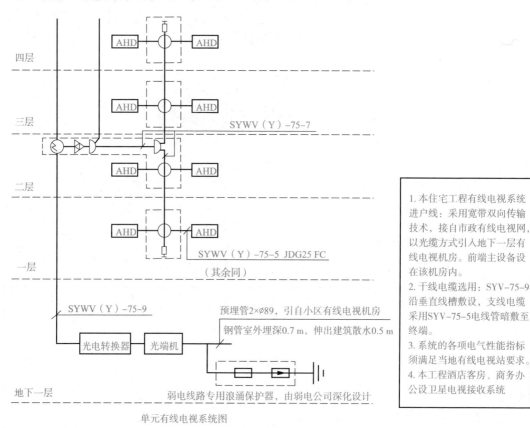

1. 本住宅工程有线电视系统进户线：采用宽带双向传输技术，接自市政有线电视网，以光缆方式引入地下一层有线电视机房。前端主设备设在该机房内。
2. 干线电缆选用：SYV-75-9沿垂直线槽敷设，支线电缆采用SYV-75-5电线管暗敷至终端。
3. 系统的各项电气性能指标须满足当地有线电视站要求。
4. 本工程酒店客房、商务办公设卫星电视接收系统

单元有线电视系统图

图 4-8　有线电视系统图

1. 简述有线电视系统 CATV 设备与器件的型号、规格。
2. 叙述同轴电缆的型号、规格、敷设方式及穿管管径。
3. 说明 PTV 特点及采用的接入方式。

一、系统分类与组成

为营造安全、舒适、便捷的工作、生活环境，公共广播系统已成为各类建筑应用信息服务设施建设的基本配置。广播音响系统一般可分为三大类，即业务性广播系统、服务性广播系统、应急广播系统。

(1)业务性广播系统。业务性广播系统主要以满足业务及行政管理为主的语言广播要求，设置于办公楼、商场、院校、车站、客运码头及航空港等建筑物内。

(2)服务性广播系统。服务性广播系统多以播放欣赏性音乐、渲染环境气氛为主的音源信号，多设于商场、宾馆、大型公共活动场所的背景音乐。

(3)应急广播系统。应急广播系统是专用应急广播信令。应急广播应优先于业务性广播、服务性广播；一般与火灾自动报警及联动控制系统配套设置，用于火灾事故发生时或其他紧急情况发生时，引导人员安全疏散。

广播音响系统主要由节目源设备、放大和处理设备、传输线路及扬声器系统四部分组成。如图4-9所示为某学校公共广播机房设备。其系统设计应符合现行国家标准《公共广播系统工程技术标准》(GB/T 50526—2021)的有关规定。

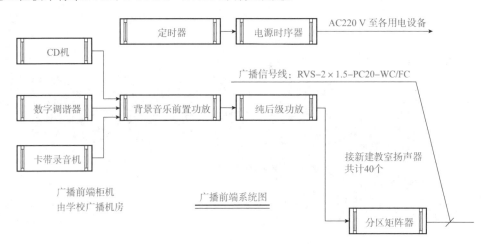

图 4-9　学校公共广播前端设备

二、数字化公共广播

数字广播(Digital Broadcasting)是指将数字化的音频、视频信号及各种数据、文字、图形等在内的多媒体信号，在数字状态下进行各种编码、调制、传递等处理。与传统 AM、FM 的广播技术不同，它通过地面发射站，以发射数字信号来达到广播及数据资讯传输目的。

数字 IP 网络广播系统利用广域网资源随时随地获取网络上的音频资源。由于每个终端有独立的 IP 地址，因而可以控制任意一个终端播放不同的节目，拥有更好的音质。

IP 网络广播系统可实现远程教育，是教育信息化在教学实际应用中的具体体现，为课程信息化提出了一个新的发展思路。

针对不同功能的区域，通常一个公共广播系统划分成若干个区域，便于管理。

广播系统中，扬声器的选型基本遵循以下原则：

(1)有装饰天花板的区域采用吸顶扬声器；

(2)无装饰天花板的区域采用壁挂式音箱或悬吊式音箱；

(3)室外庭院采用灯杆喇叭或庭院灯音箱。

通常，室内环境噪声相对较大的场合，每只扬声器(按 3 W 功率计算，楼层层高为 3～5 m)的覆盖范围为 10 m²；狭长走道，一般 5～8 m 间距设置 1 只扬声器；室外庭院花园，力求声场趋于均匀，一般 30～50 m 间距设置 1 只扬声器。

广播传输电缆可以参照下列标准选择：双绞护套线 0.5～0.75～1.0 mm²，用于楼层垂直分布广播，支干电缆及终端；八芯双绞护套线 1.0 mm²，用于楼层垂直分布广播，支干电缆。

三、应急广播系统

紧急广播应满足应急管理的要求，紧急广播应播发的信息为依据相应安全区域划分规定的专用应急广播信令。紧急广播应优先于业务广播、背景广播；目前，紧急广播系统多用于消防应急广播系统。

火灾应急广播的设置应符合《火灾自动报警系统设计规范》(GB 50116—2013)的相关条文，能够发出火灾通知、命令，指挥人员灭火和安全疏散。在走道和大厅等公共场所设置扬声器，应针对背景噪声大、环境情况复杂场所，考虑声压级要求。在环境噪声大于 60 dB 的场所设置的扬声器，在其播放范围内最远点的播放声压级应高于背景噪声 15 dB。

通常设置一套背景音乐，也可兼作应急广播。火灾应急广播应具有独立性，消防广播系统的联动控制信号由消防联动控制器发出，确认火灾后，应同时向全楼进行广播。消防应急广播的单次语音播放时间宜为 10～30 s，应与火灾声警报器分时交替工作。同时，在消防控制室能手动或按预设控制逻辑联动控制选择广播分区、启动或停止应急广播系统，可采取 1 次火灾声警报器播放 1 次或 2 次消防应急广播播放的交替工作方式循环播放。图 4-10 所示为酒店公共广播系统与应急广播。

四、LED 信息发布及多媒体查询系统

为了使信息能准确、便捷地在各种公众场所传递和播放，各政府机关、企事业单位、住宅小区、医院等候、公共交通等场所均向公众提供信息告示、标识导引及信息查询等多媒体信息发布，建立多媒体信息查询及室内外信息显示设备。一般在电梯厅、电梯轿厢等公共区域设置显示屏，用于发布各种公共信息，如广告、商业活动、天气、新闻等，如图 4-11 所示。同时，在大堂设置触摸屏查询系统，为客户提供各类活动信息。该系统也可与公共广播等应用需要进行设备的配置及组合。

信息导引及发布系统应具有公共业务信息的接入、采集、分类和汇总的数据资源库，由信息播控中心、传输网络、信息发布显示屏或信息标识牌、信息导引设施或查询终端等组成，目前医院的触摸屏排队叫号系统也是一种应用，如图 4-12 所示。医院触摸屏作为一种较新的计算机输入设备，具有使用简单、方便、自然，坚固耐用，反应速度快，节省空间，易于交流等优点。

说明:

1. 广播控制室与消防控制室合用，设于酒店裙房底层。

2. 各层走廊、电梯厅等公共场所及客房按分区要求提供背景音乐，火灾时，无论广播处于何种状态，均可强行切入消防应急广播。

3. 平时为公共广播背景音乐，火灾时由火灾报警器输入；信号强切为消防应急广播系统，进行应急广播。

4. 广播垂直电缆采用：WDZAN–BYJS–7×0.75；
   水平线路采用：WDZAN–BYJS–2×0.5/WDZAN–BYJS–4×0.5。

5. 除注明外，系统图中从广播分接箱至音量开关及各音量开关之间采用4芯线，从音量开关至扬声器及各扬声器之间采用2芯线，其余均采用2芯线缆。

6. 各扬声器的输送变压器均安装在各自的扬声器箱内。

7. 弱电各系统室外线缆进入建筑物后应加装过电压保护设备。机房主控设备及电源处均需加装过电压保护装置(或电涌防护器)。

8. 本系统图，酒店客房内的扬声器仅作消防时应急广播用。

9. 宴会厅的会议扩声系统待业主落实工程承包方后由其作配套设计。

图例:

CD	CD唱机
CA	录放机
FM/AM	调频调幅收音机
ꝑ	话筒
ᗑ	监听耳机
GB	广播分接箱（楼层弱电间）
◁³	嵌装吊顶扬声器（3W）
↘	调音开关

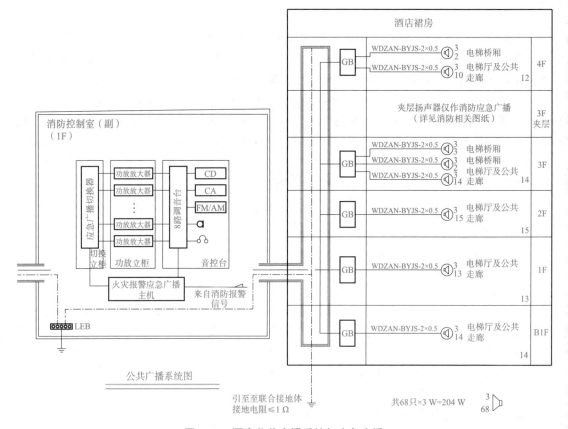

公共广播系统图

图 4-10　酒店公共广播系统与应急广播

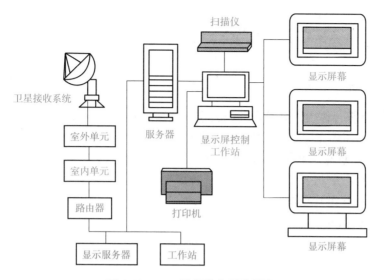

图 4-11　LED 信息发布系统示意

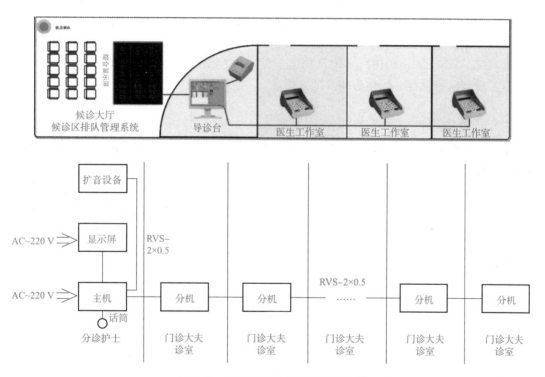

图 4-12　医院触摸屏排队叫号系统图

案例分析 商务楼综合布线系统

一、建筑概况

(1)本工程是综合体内的高端商务办公楼，其建筑面积为 21 200 m²。地上 12 层，地下 2 层，主要为机动车停车库(设置少量机械停车位)，结构类型为框架-剪力墙结构；耐火等级为一级，主要为办公、商务、会议、机房等，建筑主体高度为 48.35 m。

(2)相关专业提供的设计资料：

1)建筑专业提供的作业图；

2)结构专业提供的梁板图；

3)暖通、给水排水专业及电气专业提供的相关资料。

(3)建设单位提供的设计任务书及设计要求相关的技术咨询文件，有关职能部门认定的工程设计资料。

(4)本工程采用的主要规程、规范：《智能建筑设计标准》(GB 50314—2015)；《综合布线系统工程设计规范》(GB 50311—2016)；《建筑设计防火规范(2018 年版)》(GB 50016—2014)；《民用闭路监视电视系统工程技术规范》(GB 50198—2011)；《有线电视网络工程技术标准》(GB/T 50200—2018)；《建筑物电子信息系统防雷技术规范》(GB 50343—2012)；其他有关现行国家标准、行业标准及地方标准。

二、系统架构

本工程按综合配置设计，采用开放式的结构，模块化、可扩展并面向用户的结构形式，遵从工业标识和商业建筑布线标准。

综合布线系统采用国际标准的结构化布线系统，以适应本楼建筑大空间的多样性及多变性。该系统设计不仅具有局域网技术的独立性；同时，与网络相连的每台设备都有一个专用的介质连接，用户设备、网络集中器的用户端口或布线系统本身发生的任何故障，都可以隔离在单个用户，实现单点故障隔离设计，采用每个工作区域预先布线。因而，新增加用户时不需要重新布线。

以"光铜混搭"的模式满足网络配置的适用度，实现楼内语音、数据、图像、多媒体、安防及楼宇智能控制等内容，室内数据主干采用多芯多模光缆，语音信息点采用大对数双绞线。

该系统具有如下优势：

(1)实用性。实施后的通信布线系统，将能够适应将来技术的发展，且实现数据、语言、多媒体等多种信息传输。

(2)灵活性。布线系统能够满足灵活应用的要求，即任一信息点能够连接不同类型的设备，如计算机、打印机、终端或电话、传真机等。

(3)模块化。在布线系统中，除固定于建筑物内的缆线外，其余所有的接插件都应是积木式的标准件，以方便管理和使用。

(4)扩充性。布线系统是可扩充的，以方便将来有更大发展时，容易将设备扩展进去。

三、系统实施

综合布线系统设计以"统一考虑、分别实施、物尽其用、经济合理"的原则进行分区域实施。采用高速局域网通信系统，星型布线拓扑结构，为每台设备提供专用介质，电缆和布线系统具有可控电气特性；每条电缆都终结在放置 LAN 集线器和电缆互连设备的配线中间，移动、增加和改变配置容易，便于开放空间的利用。

楼宇业态一层、二层区域为银行，其他层为商务办公及大型会议室，地下层为车库及物业管理用房。考虑到该楼宇的多功能，本综合布线系统建设方案将系统分成 2 套相对独立的配线系统，即专网系统、外网系统。在竖向电缆线槽中，综合布线电缆专网系统、外网系统各专用一根线槽，安保监控电视线缆一根线槽，火警及联动控制线一根线槽，广播线专用一根线槽。电源线单独穿管敷设。在每层水平弱电线槽中，综合布线专网系统、外网系统各专用一根线槽；电视、安全监控线设置钢制防火分隔板。专网屏蔽线和外网系统在布线时，保持 15～45 cm 距离。专网系统与外网服务器、网络设备分开放置，总体上采用模块化设计和分层星型网络拓扑结构。每个电信间(弱电间)需要预留 20% 的余量。管理子系统配线架设在弱电间内，配线架采用 19 英寸标准立柜。

本项目在地下一层设置进线间，满足各电信运营商的进线及设备安装要求。设计预留至各区域弱电设备间的管线路由，一层设置总通信机房(约 120 m²)，与消防控制中心加隔墙合用。该楼宇按照各个系统信息的传输要求，进行 VLAN 划分，具体由专业公司二次深化。该商务楼分二级管理间，各个二级管理间多芯光纤与弱电中心机房连接，管理间分层设置。

(1)主干光缆在保证现有需求的同时做一定容量的光纤预留，在整体网络结构中，通信总机房到 4 个地块管理间的星型主干光缆采用 2×48 芯单模光缆连接，4 个地块管理间至各个单体楼弱电管井采用 12 芯多模光缆。详见本书附图 6 商务楼综合布线系统设计。

(2)楼宇内部数据信息点光纤到工作区，语音信息点采用六类双绞线。

(3)有线电视系统：本系统按照信号源取自城市有线电视网设计，商业、办公部分采用 IPTV(交互式网络电视)，此次设计考虑从电视中心到单体的有线电视信号采用光缆传输的方式，从逻辑上是一个星型扩展的结构。

(4)一卡通系统占用网络光纤中的 2 芯，有线电视采用 IPTV 同轴电缆的传输模式，安防采用基于校园网的方式，单独设置专网。

四、系统设计

综合布线系统将按照以下 6 个子系统进行设计：

(1)工作区子系统设计：为用户提供的标准 RJ45 信息出口，为六类系统，可兼容并支持各种电话、传真、计算机网络及计算机系统。

(2)水平子系统设计：信息点采用的六类双绞线，大大优于 EIA/TIA 568 标准的超五类指标。在设计过程中，除去工作区跳线，水平线缆不得超过 90 m。如超过 90 m，则须增加楼层设备间。

水平线缆的长度根据图纸估算并考虑了端接余量及富余量。

$$1 箱 = 1\ 000\ FT = 305\ m$$

$$平均线缆长度(m) = (最大长度 + 最小长度)/2 + 6\ m + 10\% 余量$$

$$UTP电缆用量(箱)＝信息点数×平均每点线缆长度/305$$

对于办公场所及商业参考表 4-14 设置语音及数据终端；银行及物业管理专项场所设置专网，本工程大开间的场所均在吊顶内设置集合点 CP。办公场所语音/数据终端采用 RJ45 六类，暗装，底边离地 0.3 m。水平线缆为 6 类 4 对无屏蔽双绞铜线（CAT6/UTP/4P），对绞线缆的长度不应超过 90 m。

表 4-14　综合区域商务楼信息点配置参考

指标　　　　类别 项目	综合配置	基本配置	最低配置
连接内容	语音、数据、图像、保安监控、消防报警、对讲传呼	语音、数据、保安、对讲传呼	语音、数据
办公区端点数/10 m²	4～5	3～4	2～3
商业区端点数/50 m²	3～4	2～3	2

（3）垂直干线子系统设计：垂直干线部分提供了大楼主配线架（MDF）与楼层配线架（DF）的连接路由。在本项目中，室外数据主干采用 2 根 12 芯 8.3 μm/125 μm 单模光纤，是符合 IEEE 802.5 FDDI 和 EIA/TIA 568 标准的主干传输线缆。多模光缆能够支持大楼内超过 100 m 传输距离的计算机网络和需要高带宽的高速网络传输应用，可以确保目前和今后一段时间网络系统的需求。

铜缆及光纤的长度均用各楼层配线间到主配线间之间的距离乘以线缆根数，并考虑足够的端接余量和富余量，以便将来系统的扩容（即点数的增加）。

$$每层垂直主干铜(光)缆长度(m)＝(50＋H)×(1＋10\%)＋6(10)$$

　主配线间到竖井距离　　　层高　　　冗余　　　接续

$$每层垂直主干铜(光)缆用量(m)＝每层垂直主干铜(光)缆长度×根数$$

（4）设备间及管理子系统设计：在本项目中，设备间和管理子系统由配线架、跳线及各种标识组成。在配线架上，使用色标来区分干线电缆、水平线缆和连接在配线架上的设备端接点。配线架的数量也考虑了足够的冗余，以便将来系统的扩容。

（5）建筑群子系统设计：各单体建筑网络弱电设备间到汇聚中心敷设 2×48 芯室外单模光纤。依据标准图集《综合布线系统工程设计与施工》，室外光缆进户至进线间入口设施的长度不宜超过 15 m，须转接室内多模光缆。

综合布线系统设计与安装注意下面内容：调试安装——对提供的布线系统设备进行调试安装；布线施工督导——对布线过程中技术的指导和非技术性的管理协调；线缆测试——对完工后的布线系统，用标准的仪器进行有关测试并提交测试报告；文档——完工后的系统各种资料，应以文件的形式提交给业主；培训——应对布线系统的日常维护及管理人员提供必要的培训。

五、施工验收

1. 测试

当布线系统全部安装完毕，验收采用 100%点对点测试方式。系统验收合格后，产品公司出具质量保证书。

（1）测试人员：系统承包商与用户方工程师共同完成整个系统的测试工作，并填写测试报告。

（2）测试结果：测试所有连接（包括光纤连接和双绞线连接）满足标准，确认工程合格，提交测试报告及验收报告。

2. 施工注意事项

（1）综合布线工程需要与建筑装修工程中的顶棚、隔间、地板及结构等工程配合施工。

（2）弱电管井配线架 IDF 及 MDF 端子均须测试；电缆确定长度后方可裁剪。

（3）施工人员必须遵守电缆色码接续规定，遵守色码配置，注意材料防水。

（4）变更设计需与甲方、乙方协商。

六、主要设备材料表

主要设备材料表见表 4-15。

表 4-15　主要设备材料表

序号	设备名称	规格型号	单位	数量	备注
1	综合布线总配线架	19″光纤配线架	套		弱电集成商提供
2	综合布线跳线架	110 式卡接配线架，楼层配线架	个		数据主干侧采用光纤互联装置
3	语音插孔	86 盒＋RJ45 面板，六类	个		
4	数据插孔	86 盒＋RJ45 面板，六类	个		可伸缩或地插盒
5	单模光纤	8.3 μm/125 μm	米		
6	多模光纤	62.5 μm/125 μm	米		
7	大对数铜缆	25/50 对三类大对数	米		
8	六类四对八芯线	6 类 F/UTP 线缆 100 Ω	米		
9	CP 集合点		套		设于吊顶内（或楼层弱电井道）
10	电话交换机	200 门	套		
11	电视前端箱		台		
12	分支分配器箱		个		
13	电视插孔		个		
14	闭路监视主机设备		套		
15	彩色带云台摄像机		个		
16	电梯用摄像机		个		
17	室外快球摄像机		个		
18	停车场管理系统		套		
19	会议系统		套		包含音响广播主机
20	普通扬声器	3 W	个		应急扬声器
21	广播接线箱		个		

项目回顾

　　信息设施系统是实现智能化系统工程信息资源整合的基础支撑设施，是传递各类智能化信息的神经系统，组网时需对建筑内各智能化系统信息传输作功能性区分、合理构建融合的统一性规划，还应考虑适应数字化转型，考虑与智慧城市的对接，符合现代智能技术的应用发展。数字校园、智慧社区、商务办公的信息网络系统不仅可承载公共广播、信息引导及发布、视频安防监控、出入口控制、建筑设备监控等多种信息，还可采用单独组网或统一组网的系统架构，满足不同场所的业务流量状况，保障传输的可靠性、实时性和安全性。

 课堂思考题

一、简答题

1. 以智慧校园为例分析信息设施系统的建设。

2. 简述综合布线系统的功能及组成。

3. 以校园为例阐述综合布线线缆选择的要求，并比较双绞线电缆和光缆的优点、缺点。

4. 校园背景音乐广播系统与应急广播的功能分析。

5. 以住宅为例叙述 CATV 系统的安装包括哪些方面。

6. 以班级为单位叙述如何建设电话交换系统的内网系统。

二、选择题

1. 基本型综合布线系统是一种经济有效的布线方案，适用于综合布线系统中配置较低的场合，主要以（　　）作为传输介质。

　　A. 同轴电缆　　　　B. 铜质双绞线　　　　C. 大对数电缆　　　　D. 光缆

2. 某公司，每个工作区安装 2 个信息插座，要求公司局域网不仅能够支持语音/数据的应用，而且可支持图像、影像、影视、视频会议等，该公司应选择（　　）等级的综合布线系统。

　　A. 基本型综合布线系统　　　　　　　　B. 增强型综合布线系统

　　C. 综合型综合布线系统　　　　　　　　D. 以上都可以

3. 安装信息插座时，注意与周边电源插座应保持的距离为（　　）cm。

　　A. 15　　　　　　B. 20　　　　　　C. 25　　　　　　D. 30

4. 综合布线系统是一种由缆线及相关连接设备组成的（　　）的信息传输系统。

　　A. 标准统一　　　B. 标准通用　　　C. 简单结构　　　D. 系统合理

5. 一个信息插座到管理间都用水平线缆连接，从管理间出来的每一根 4 对双绞线都不能超过（　　）。

　　A. 80　　　　　　B. 500　　　　　　C. 90　　　　　　D. 100

三、分析设计题

　　参考网络综合布线系统图，请为下列四个布线子系统选择合适的传输介质，并绘制系统图。

　　(1)建筑群子系统；

　　(2)垂直干线子系统；

　　(3)水平子系统；

　　(4)工作区子系统。

项目五

建筑智能化系统集成

项目目标

1. 了解信息化应用系统的组成及系统设计原则；
2. 掌握智能卡管理系统、物业管理在智能运维中的作用；
3. 熟悉信息设施运行管理系统在楼宇中的安装要求及应用；
4. 了解建筑智能化系统集成平台基本组成及作用；
5. 熟悉智能化集成系统在绿色建筑及智慧社区的应用。

能力目标

理论要求：

1. 了解信息化应用系统的组成；
2. 掌握智能卡管理系统、物业管理和智能运维的基本知识；
3. 熟悉通用业务系统、专业业务系统在建筑物中的服务功能；
4. 了解智能化集成系统基本组成。

技能要求：

1. 调研建筑物及建筑群信息化应用系统综合应用方案；
2. 利用不同安全等级的技术手段，完成智能卡应用系统的调研，初步具备信息化应用系统基础功能管理的能力；
3. 培养学生对智能化子系统的综合认知能力，并使学生对智能化系统的集成方法、方式通过数字校园展示，充分理解集成内容并能够形成独到设计方案。

思政要求：

结合国家信息系统的安全保护等级进行智能卡安全防范技术设计，使学生树立国家安全高于一切的意识，增强信息安全、遵纪守法的社会责任感。

项目流程

1. 授课教师以典型工程案例讲解建筑物与建筑群信息化应用系统的组成、功能及综合应用特点，由教师指导绘制应用系统组成思维导图；
2. 通过实际案例的导入，使学生深入理解智能卡识别技术的主要类型；通过分组讨论公安部网站发布四部门联合制定的《信息安全等级保护管理办法》及现行国家标准信息安全标准，总结信息系统建设过程中，应同步建设符合等级要求的信息安全设施；
3. 以数字校园案例，熟悉弱电工程综合管道系统组成及安装要求；通过数字校园智能化系统集成掌握系统集成网络及作用；
4. 参考课时：8～10课时。

一、方案概述

数字校园是指通过利用智能技术和信息手段，整合社区各类资源，为校园受众提供政务、商务、娱乐、教育、医护及生活互助等多种服务，实现大数据的深度应用，是校园信息化管理的体现。学生学籍、成绩管理及身份认证系统，教师教学、办公、人事等学校管理信息系统，这些分散的信息化往往数据不互通、业务难融合，存在服务体验差、综合安防弱、运营效率低、管理成本高等痛点，因此，打造数字校园（e-campus），实现舒适、便捷、安全的标准化、智能化应用服务，以适应教育部信息化2.0行动。

教育部于2021年印发《高等学校数字校园建设规范（试行）》，强调校园环境的数字化改造、用户信息素养的适应性及核心业务的数字化转型，进一步推进"互联网＋教育"。数字校园是智慧城市的基本单元，华为智慧园区解决方案源于自身管理变革和数字化转型实践，横向打通校园各智能化子系统，纵向贯穿"学生端、教师边、数据云"，实现从单场景智能迈向整体智慧化，使学生端、教师端一卡通业务安全可靠，成绩分析数据化，办公信息数字化，使得每个学生与教师依"云"成为智能终端，实现高校信息化育人的创新性探索及网络安全的体系化建设，体现现代化校园的一流管理水平。

该高等学校的数字校园平台建设包括学生管理系统、办公自动化系统、综合安防、资产管理、教务管理、能耗管理等系统。突出"一体化"思路、"系统化"思想、"用户化"应用方式，强调以人为本。图5-1所示为数字校园建设基本框架。

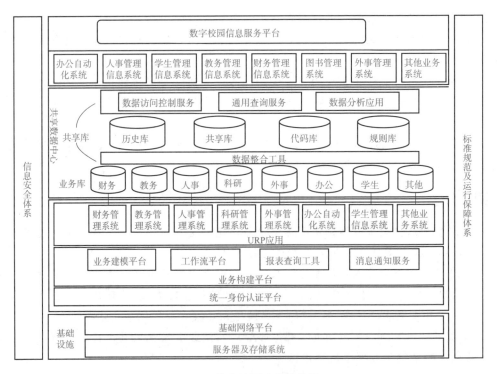

图 5-1　数字校园建设框架图

二、平台规划

利用 ICT 技术，在传统校园基础上构建数字空间，建立对教学、科研、管理、技术服务、生活服务等校园信息的收集、处理、整合、存储、传输和应用的平台，使数字资源得到充分优化，实现从环境自动化(包括设备、教室等)、资源数字化(如图书、讲义、课件等)和办公应用信息化(包括教、学、管理、服务)，拓展现实校园的时间和空间维度，最终实现校园过程的全面数字化转型。

支撑平台将校内分散、异构的应用和信息资源进行整合，是整个数字化校园系统的应用框架。支撑平台包括以下几个方面内容：

(1)统一身份认证平台；

(2)统一信息门户平台；

(3)共享数据中心平台。

三、数字化实施

基于成熟、先进、实用的原则，实现智能化子系统集成 IBMS，建立"环境数字化、管理数字化、教学数字化、产学研数字化、学习数字化、生活数字化"，实现全面集成的信息系统；由各自独立分离的设备、功能和信息集成为一个相互关联、完整和协调的综合网络系统，建立良好界面、一站式平台服务，使系统信息高度共享和合理分配。

本集成系统包含三个网络层次，即综合信息网络层(第一层网络)、智能化专业以太网络层(第二层网络)及现场控制总线网络层(第三层网络)。第一层网络提供综合信息，并通过 B/S 方式进行 Web 发布与控制；第二层网络通过 OPC 方式或采用 ODBC 数据交换方式，以 B/S 或 C/S 结构与第三层网络连接，同时以 B/S 方式进行 Web 发布与控制，向网络中的用户提供各智能化专业系统的专业信息，每一个智能化专业系统又集成了一个或多个位于第三层网络的子系统；第三层网络采用现场总线网络与 OPC 的结构，直接对楼宇与监控设备层的现场设备进行监视和控制，并将设备信息通过 OPC 方式或数据库方式发送到第二层网络。

四、任务内容

(1)收集并整理高校信息化的应用情况，说明校园一卡通系统应用功能；

(2)观察高校数字校园内智能化系统集成管理系统内容；

(3)高校数字校园建设总要求有哪些？给出高校数字校园建设基本框架。

五、任务总结

(1)以小组的方式调研高校一卡通应用现状；

(2)以小组的方式调研数字化校园智能集成系统的需求，分析成功的经验，找出存在的问题，提出发展规划。

任务一 智能卡管理系统

任务目标

通过校园智能卡的解决方案，熟悉智能卡及 RFID 技术的基本概念与应用范围，掌握校园一卡通系统架构及安全策略体系，理解一卡通管理运行模式。

能力要求

理论要求：

1. 熟悉智能卡及 RFID 技术的基本概念；

2. 了解接触式、非接触式等智能卡的结构类型；

3. 熟悉智能卡管理系统的构成。

技能要求：

1. 熟悉智能卡管理系统的功能应用；

2. 具备典型工程的应用能力；

3. 了解一卡通系统的网络结构，初步掌握校园一卡通系统总体规划。

思政要求：

结合数字社区，让学生理解在保证安全的情况下实现智能卡技术的合理、合法应用，培养学生知法守礼，明确法律边界和职业道德，树立职业责任感。

任务流程

1. 实践教学，授课教师以校园一卡通典型案例讲解系统组成；

2. 认识智能卡的结构类型；

3. 调研数字校园一卡通需求分析，完成网络结构搭建；

4. 按组讨论数字校园一卡通管理系统方案并分享安全措施，教师对方案进行点评和打分，最终汇总各小组成绩；

5. 参考：4 课时。

任务练习 数字校园一卡通管理系统

姓名：　　　　　　　　班级：　　　　　　　　　　学号：

<table>
<tr><td>小组名称</td><td></td><td>小组成员</td><td colspan="2"></td></tr>
<tr><td>项目名称</td><td colspan="2">数字校园一卡通管理系统</td><td>成绩</td><td></td></tr>
<tr><td>任务目的</td><td colspan="4">1. 了解智能卡的应用；
2. 调研不同安全等级的智能卡采用的技术手段；
3. 树立国家安全的意识，培养学生的信息安全实施保护能力</td></tr>
<tr><td>任务说明</td><td colspan="4">1. 建议 3 人一组开展；
2. 掌握不同应用场景的智能卡安全体系；
3. 熟悉校园一卡通系统与数字校园的网络集成形式</td></tr>
<tr><td>任务要求</td><td colspan="4">数字校园一卡通的信息管理系统解决方案：
1. 确定校园一卡通的管理模块；
2. 选择智能卡类型；
3. 以智能卡的身份认证为基础，建立统一数据库、统一发卡和统一卡介质的集成、开放式系统平台</td></tr>
<tr><td>任务内容</td><td colspan="4">建设原则：先进性与实用性；稳定性与安全性；易管理与易扩充性。
(1)数字校园信息管理集成内容：支付交易类子系统(食堂、超市、场馆等场所收费)、身份识别类子系统(门禁、巡更、停车、电梯等)、综合业务接口类子系统(财务、人事、医疗服务等)、学籍管理子系统、教务子系统等其他子系统。
(2)一卡通卡片类型：采用银行卡、校园卡二卡物理分离或两卡合一。
(3)校园一卡通系统架构，如下图示意，设置典型的三层结构，客户端、应用服务器、数据中心，一般由发卡中心，一卡通系统服务器，学校食堂、机房等各个管理系统的刷卡机组成。通过校园局域网连接到一卡通系统服务器，网络结构采用 C/S 与 B/S 双重体系架构，建成功能丰富、扩充灵活的现代化计算机网络系统
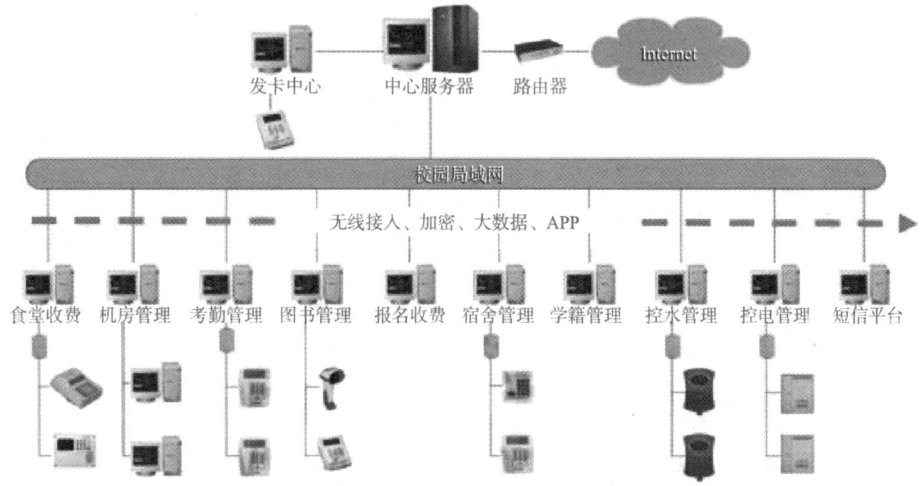
</td></tr>
</table>

序号	评价项目及标准	小组自评	小组互评	教师评分
1	系统认知(60分)： 1. 一卡通数字集成应用系统组成； 2. 智能卡选择类型及优点、缺点分析； 3. 智能卡身份认证的技术实现及安全性机制			
2	1. 设计一卡通系统网络功能逻辑结构； 2. PPT展示数字校园一卡通新解决方案(30分)			
3	工作态度、安全文明(10分)			
4	合计(100分)			

任务总结

遇到问题，解决方法，心得体会：

扫码打开任务书
任务练习 数字校园一卡通管理系统

1. 智能卡的类型。
2. 一卡通数字集成应用系统。
3. 智能卡身份认证的安全技术实现。

一、信息化应用系统概述

信息化是现代通信技术、计算机技术、数据库技术等技术的高度集成应用，其包括硬件组成和软件操作。随着建筑智能化的发展，信息化应用系统应成为建立建筑智能化系统工程的主导需求及应用目标。

信息化应用系统包括公共服务、智能卡应用、物业管理等信息设施安全、服务有效管理应用。因此，建立以信息化应用为有效导向的建筑智能化系统工程设计，能有效杜绝工程建设的盲目性和提升智能化功效的客观性。

依据《智能建筑设计标准》(GB 50314—2015)，信息设施运行管理系统应拆分为基础设施层、服务层及应用管理层，并应满足信息安全保障体系。目前，各种各样的信息化应用系统已经在城市中广泛使用，根据不同应用场景，信息化应用系统的分类见表 5-1。

表 5-1　信息化应用系统的分类

信息化应用系统	通用应用系统	公共服务系统
		智能卡应用系统
	管理应用系统	物业运维管理系统
		信息设施运行管理系统
		信息安全管理系统
	业务应用系统	通用业务系统
		专业业务系统
		其他业务应用系统

目前，信息化应用系统已经渗透到建筑、社区、城市，被各个领域广泛使用，如数字校园一卡通系统、智慧城市公共事业业务、智能运维数据库、智能化集成管理系统等，这些日益完善的信息化应用系统将为人类所研发并使用，为人类营造更为便捷、舒适的智能环境。

二、智能卡管理系统

智能卡管理系统又称"一卡通"系统，系统集成了门禁系统、停车场管理系统、考勤管理系统、图书管理系统、消费管理系统等，如图 5-2 所示。它可在计算机网络下实现多种管理功能。

"一卡通"系统网络结构由实时控制域和信息管理域两部分组成。实时控制域采用传统的控制网络 RS-485 或先进的 LonWorks 控制网络，连接分散的控制设备、数据采集设备之间的通信网络；各智能卡分系统的工作站和上位机居于系统的信息管理域，采用 Ethernet 网。

1. 智能卡简介

智能卡(Smart Card)又称 IC 卡(Integrated circuit Card)，其内部包含一个或多个用来

存储和处理信息的半导体集成电路芯片。它与卡读写器配合，可应答。

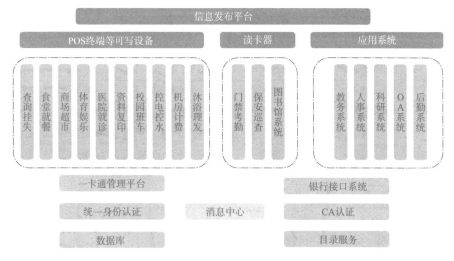

图 5-2　一卡通系统集成示意

按照智能卡的结构特点，可分为非加密存储卡、加密存储卡、CPU 卡和超级智能卡。

（1）非加密存储卡（Memory Card），其内嵌芯片相当于普通串行 E²PROM 存储器，有些芯片还增加了特定区域的续写保护功能。这类卡信息存储方便、价格便宜，可替代磁卡，由于其本身不具备信息保密功能，只能用于保密性要求不高的场合。

（2）加密存储卡（Security Card），其卡内嵌芯片在存储区外增加了控制逻辑，在访问存储区之前需要核对密码。只有密码正确，才能进行存取操作。这类卡信息保密性较好。

（3）CPU 卡（Smart Card），内嵌芯片相当于一个特殊类型的单片机，内部带有控制器、存储器、时序控制逻辑，还有算法单元和操作系统。由于 CPU 卡有存储容量大、处理能力强、信息存储安全等特性，因此，广泛用于对信息安全性要求特别高的场合。

（4）超级智能卡，在卡上具有微处理器 MPU 和存储器并装有键盘、液晶显示器和电源，有的卡上还具有指纹识别装置，不包括电源、显示屏或键盘。

按照数据读写方式，智能卡又可分为接触式 IC 卡和非接触式 IC 卡两类。

（1）接触式 IC 卡，由读写设备的触点和卡片上的触点相接触，进行数据读写；接触式 IC 卡的应用范围很广，如公用电话 IC 卡、金融 IC 卡等。

（2）非接触式 IC 卡，与读写设备无电路接触，由非接触式的读写技术进行读写，如无线射频识别技术 RFID，其内嵌芯片除存储单元、控制逻辑外，增加了射频收发电路。这类卡一般用在存取频繁、可靠性要求特别高的场合。非接触式 IC 卡也在各个领域得到了广泛应用，如校园卡、公交卡、公共事业的水费、电费、燃气费的业务卡等。

RFID（Radio Frequency Identification）系统由标签（Tag）、阅读器（Reader）、天线（Antenna）三部分组成。其工作频率基本上划分为低频（30～300 kHz）、高频（3～30 MHz）和超高频（300 MHz～3 GHz）及微波（2.45 GHz 以上）四个主要范围，主要参数特征见表 5-2。低频系统用于短距离、低成本的应用中，如门禁控制、动物监管、货物跟踪；高频系统用于门禁控制和需传送大量数据的应用；超高频系统应用于需要较长的读写距离和较高的读写速度的场合，如火车监控、高速公路收费等系统。

表 5-2　RFID 主要参数特征

特性	低频	高频		超高频	微波
工作频率	125~134 kHz	13.56 MHz	JM 13.56 MHz	868~915 MHz	2.45~5.8 GHz
市场占有率	74%	17%	2003 引入	6%	3%
读取距离	1.2 m	1.2 m	1.2 m	4 m(美国)	15 m(美国)
速度	慢	中等	很快	快	很快
潮湿环境	无影响	无影响	无影响	影响较大	影响较大
方向性	无	无	无	部分	无
全球适用频率	是	是	是	部分	部分
现有 ISO 标准	11784/85、14223	18000－3.1/14443	18000－3/215693,A、B 和 C	EPC C0、C1、C2、C2	18000－4
主要应用范围	进出管理、固定设备、天然气、洗衣店	图书馆、产品跟踪、货架、运输	空运、邮局、医药、烟草	货架、卡车、拖车跟踪	收费站、集装箱

2. 通信接口及网络

读写设备必须通过通信接口与上位机进行通信，从而将采集到的数据传输到管理系统实现所需要的功能；数据传输涉及通信接口，而不同的通信接口的特性是不同的；读写器中一般有 RS－232、RS－485、Ethernet、Wi-Fi 等。

(1)RS-232 属单端信号传送，一般用于 20 m 以内的通信，并不能组网。

(2)RS-485 总线，具有抑制共模干扰的能力，通信距离为几十米到上千米，可联网构成分布式系统，其允许最多并联 32 台驱动器和 32 台接收器。

(3)以太网(Ethernet)，每个节点都可以看到在网络中发送的所有信息，可组网，能适应多种网络拓扑结构，通信距离一般单段不超过 100 m，远距离需加中继或使用光网络。

(4)Wi-Fi 是一种可以将个人计算机、手持设备(如 PDA、手机)等终端以无线方式互相连接的技术，覆盖的范围可达 400~500 m。

3. 数据库

业务数据采用后台数据库管理系统做中央存储，实现了业务数据共享。数据库管理系统(Database Management System)是一种操纵和管理数据库的大型软件，适用于建立、使用和维护数据库，简称 DBMS。时下流行的 DBMS 有 Oracle、MySQL、SQL Server、DB2。

4. 智能卡管理系统总体架构

智能卡管理系统以智能卡的身份认证为基础，建立统一数据库、统一卡介质和统一发卡的集成、开放式系统平台。

校园一卡通主干网络平台设置底层的通信协议时，为保证网络的开放性和兼容性，选择 TCP/IP 协议作为网络应用的通信协议。以校园网快速以太网交换机为网络核心，通过 10/100 M 口下连接到网络数据服务器，以及各类一卡通终端设备。终端设备子网选择 RS-485 通信协议，使一个终端设备与上位机的通信距离扩展到 1 200 M。

(1)校园一卡通系统作为数字校园基础组成部分，与学校内其他管理信息系统协调一致。

(2)校园一卡通系统主要由应用子系统和系统平台两大部分组成。应用子系统可分为支付交易类子系列、身份认证类子系列、综合业务类子系列、自助服务类子系列 4 个系列；系统平台不仅可实现信息的全局共享，还可以对各个子系统状态的监控，实现全局信息的统一管理。

三、智能卡管理系统发展趋势

1. 集成技术

"一卡通系统"是在智能卡应用基础上，按照一卡多用、一卡通的方向研制的产品，采用大型网络数据库管理技术，设计标准统一、集成度高、数字化存储，适应智能系统运行。

2. 基于 IoT 智能卡

高新技术的快速崛起促进智能卡管理系统行业新一轮的快速发展，由中国银联和电信运营商推动的手机一卡通业务既是物联网产业链的重点环节；同时，也是智能卡应用技术和 RFID 在手机载体上的典型应用。在 IoT 体系架构下，利用中国移动、电信、联通的网络，实现社区消费、收费、身份识别、资源管控、安防与出入管理的智能化集中管控。数字化校园"一卡通"系统是智慧校园建设的重要组成部分，通过部署系统平台，校内人员可凭借智能卡、人脸、NFC 手机等虚拟身份认证，来完成校园各个环节的服务。

3. 安全体系设计

(1)系统性：一卡通系统的安全需要按系统工程来建设、保障。

(2)整体性：即要保证综合业务系统的安全性、保密性，不是仅仅依靠独立的安全保密设备就能实现的，必须从系统角度进行考虑，进行一体化设计，才能满足系统化的安全。

(3)针对性：在系统薄弱环节作特殊处理，以提高整个系统的安全系数。

(4)不唯一性：系统每一环节不依赖唯一的安全保障措施，而是多方安全保障措施。

4. 数字化推进

随着全球信息技术的快速发展，作为信息社会重要载体之一的 IC 卡，在社会生活各个领域的应用越来越普遍。信息化建设的加速体现在政府管理、城市管理、交通、企业、金融及教育等多个方面，这非常有利于推动智能卡管理系统行业市场需求的不断增长。数字化城市建设、移动通信的高速增长、金融 EMV 迁移、企业和学校的数字化建设、新一代身份证的普及和电子标签的推广等，都将极大地扩展我国智能卡管理系统行业的市场空间。

四、智能卡管理系统规则和标准

(1)《超高频抗金属电子标签协议》(EPCglobalClass1Gen2/ISO 18000－6C)；

(2)《标准异步通信接口》(RS－232－C)；《串行通信标准》(RS－485)；

(3)《建设事业集成电路(IC)卡应用技术条件》(CJ/T 166—2014)；

(4)《建设事业非接触式 CPU 卡芯片技术要求》(CJ/T 306—2009)；

(5)《出入口控制系统技术要求》(GA/T 394—2002)；

(6)《IC 卡膜式燃气表》(CJ/T 112—2008)、《IC 卡冷水水表》(CJ/T 306—2009)；

(7)《智能建筑工程施工规范》(GB 50606—2010)；

(8)《城市轨道交通自动售检票系统技术条件》(GB/T 20907—2007)；

(9)《城市轨道交通自动售检票系统工程质量验收标准》(GB/T 50381—2018)。

课堂思考题

1. 智能卡的生物识别技术主要类型有哪些?

2. 智慧校园一卡通依据不同安全等级应选择哪些生物识别技术(如指纹识别、掌纹识别、人脸识别、手指静脉识别等)?

3. 依据信息安全等级保护管理办法,如何搭建校园一卡通与城市大数据的融合?

任务二　数字校园弱电综合系统

任务目标

1. 了解弱电综合管道系统的组成；
2. 掌握弱电工程管网设计原则；
3. 熟悉弱电工程信息设施安装要求及应用；
4. 了解智能化系统集成平台及信息应用系统架构要求。

能力要求

理论要求：

1. 了解弱电工程的组成；
2. 掌握弱电综合管道设计原则；
3. 熟悉智能化系统集成平台基本组成。

技能要求：

1. 了解用户性质、信息化应用点分布密度等情况，熟悉弱电系统内容及建设规模，初步具备信息化应用系统整体规划能力；
2. 了解弱电综合管道的建设方式，具备信息化应用系统布线与实施标准的能力；
3. 熟悉智能化系统集成平台功能及应用。

思政要求：

通过真实的工程案例的学习，让学生感受到学习科学知识的重要性，追求卓越品质的魅力，培养不畏艰辛的工作态度和刻苦钻研的探索精神。

任务流程

1. 利用真实案例分析信息化应用点建设规模和标准，叙述弱电系统组成；
2. 授课教师以数字校园讲解弱电系统规划总体规模、系统需求，确定信息化系统中心位置；
3. 通过实际案例的导入，使学生深入理解弱电综合管网工程图；
4. 学生分组讨论弱电综合管网安装方式及设备选择；
5. 参考课时：4 课时；
6. 学习资源：

案例分析　数字
校园弱电工程

姓名: 班级: 学号:

小组名称		小组成员		
项目名称	弱电系统综合管道实施		成绩	
任务目的	1. 了解弱电工程的组成; 2. 掌握弱电综合管道的建设模式; 3. 熟悉弱电工程业务系统流程			
任务说明	1. 建议 3 人一组开展; 2. 以数字校园弱电系统总体规划,调研系统需求,确定信息化系统中心位置,完成综合管道布置			
任务要求	数字校园弱电工程解决方案: 1. 确定弱电系统内容; 2. 选择弱电系统综合管道布置方式; 3. 集成系统与外界信息资源网络的配合集成			
任务内容	建设原则:采用整体规划、分步实施的原则,建设成覆盖整个新校区及建筑单体的弱电集成系统。下图为信息化工程机电模型深化流程图。 根据学校需求,将大学划分为学生区、教学中心区、体育区、国际合作区几个区域,具体接入操作方式由业主和电信运营商及弱电承包商协商。 (1)弱电系统内容: (2)弱电工程施工图组成: (3)弱电系统集成架构应用: 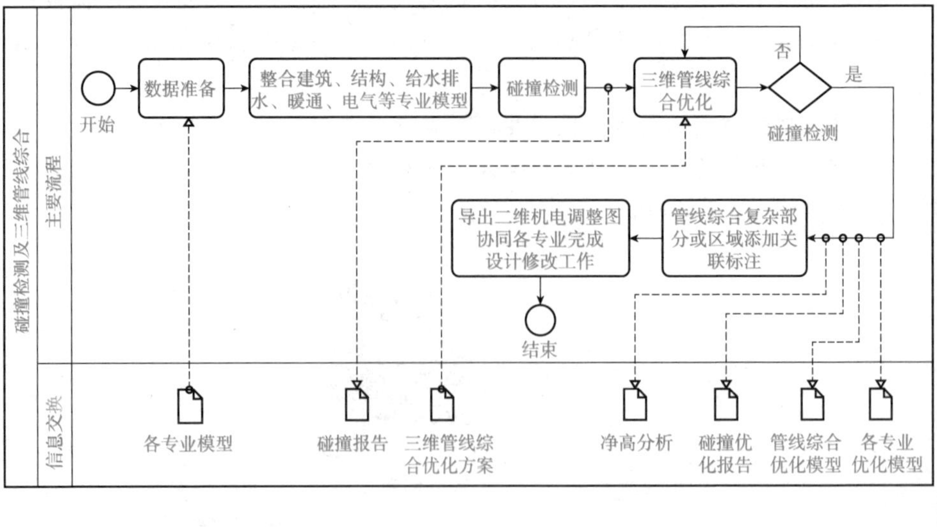 			

序号	评价项目及标准	小组自评	小组互评	教师评分
1	设计文件(60分)： 1. 数字校园的弱电系统组成； 2. 弱电综合管道敷设形式及优点、缺点分析			
2	PPT 展示校园弱电系统集成网络结(30分)			
3	工作态度、安全文明(10分)			
4	合计(100分)			

任务总结

遇到问题，解决方法，心得体会：

扫码打开任务书

任务练习 弱电系统综合管道实施

1. 查阅弱电系统线槽种类。

常见线槽种类：按材质可分为金属线槽、非金属线槽。

弱电系统管线资料

2. 查阅线槽内允许布线缆线数量。

同一路径无电磁兼容要求的配电线路，可敷设于同一金属线槽内。线槽内电线或电缆的总截面（包括外护层）不应超过线槽内截面的 20%，载流导体不宜超过 30 根。参考表 5-3 建筑与建筑群综合布线系统暗管允许布线缆线数量表。

3. 弱电工程施工图的组成。

设计者按照相关规范和专业知识，在满足使用者的需求同时，提供项目的施工图，让实施者理解弱电工程的各项含义及要求，顺利、全面完成该项目弱电工程的实施。

设计说明：

系统图：

平面图：

表 5-3　建筑与建筑群综合布线系统暗管允许布线缆线数量表

线槽允许布缆线数量表						
线槽规格	三类线				超五类线	
	4 对缆	25 对缆	50 对缆	100 对缆	4 对缆	25 对缆
25×25(h)	8	1	0	0	7	0
25×50(h)	17	3	1	0	15	2
75×25(h)	27	5	3	1	24	3
50×50(h)	36	7	4	2	32	5
50×100(h)	74	16	10	5	66	12
100×100(h)	150	33	22	11	134	25
75×150(h)	169	38	25	13	151	28

光缆、铜缆外径表							
缆线规格	外径/mm			缆线规格	外径/mm		
	三类线	超五类线	光缆		三类线	超五类线	光缆
4×2×0.5	4.7	4.57		4 芯光纤			4.0
25×2×0.5	9.7	12.45		6 芯光纤			5.3
50×2×0.5	13.4			12 芯光纤			5.5
100×2×0.5	18.2						

一、智能化系统概述

1. 智能化集成系统

(1)简介。随着现代通信、计算机网络、自动控制等技术的发展,建筑智能化监控对象众多,内容广泛。为了实现各个系统之间信息共享、相互协调、互动和联动的功能,通过某种方式或技术结合在一起进行综合管理,这种解决方案就是系统集成。

系统集成(Intelligented Integration System,IIS)以计算机网络为基础核心,综合配置建筑内各智能化系统,全面实现对通信网络系统、信息网络系统、建筑管理系统等综合管理。系统集成实现的关键在于解决各系统的互联性和互操作性,即解决各系统之间的接口、协议、系统平台、应用软件等问题。因此,集成不是目的,也不是一套系统、设备、软件,而是一种思想、方法和技术手段。建筑系统应包括智能化信息集成(平台)系统与集成信息应用系统,称为建筑集成管理系统(Integrated Building Management System,IBMS)。

(2)内容。建筑智能化系统集成内容主要包括功能集成、网络集成、界面集成等。

1)IBMS 中央管理层功能集成主要针对 CNS、INS、BAS、FAS、SAS 子系统的集中监视、控制和管理,实现信息综合管理功能、全局事件管理功能、流程自动化管理功能、公共通信网络管理等功能。

2)网络集成,实质上是通信网络系统 CNS 在智能化系统中布线系统的实施,是通信设备与网络设备,通信线路和网络线路的具体任务。

3)界面集成,应具有整体性、先进性、可行性等特点,完成 BMS、OAS、CNS 子系统自身功能的可扩展、可容错、可维护、投资合理的特性,应满足用户系统间的集成,实现更高层次的建筑集成管理系统(IBMS)。

(3)功能。目前,信息环境的建立已不是一件困难的事情,主要是数据类型之间的交换,即系统之间的通信接口和通信协议的采用。管理信息的集成目标是在实现各类数据共享的基础上,构建智能楼宇的信息管理系统和信息发布系统,最终实现数字社区、数字城市、数字国家。

系统集成后,可跨系统控制,实现辅助决策,大大提高建筑物的自动化水平。如上班用智能卡开门,办公室的灯光控制、空调自动打开,保安系统的门禁、考勤系统、闭路监视系统记录上下班人员和时间等情况。火灾报警系统与建筑设备联合动作,启停空调、电梯及防排烟设施;火灾确认门禁系统打开电磁锁,闭路电视系统切换火警画面。

2. 弱电综合管道

弱电综合管道是弱电系统集成平台的具体实施,可称为弱电工程。其管道系统安装可分为室内综合管道和室外建筑群通信管网。建筑群的外网布置可采用开放式星型拓扑结构,能支持电话、数据、图文、图像等多媒体业务的需要。该结构每个分支子系统都具有相对独立的单元,对每个分支单元系统改动都不影响其他子系统。按照表 5-4 选择合适的通信网络形式,布置社区内单体建筑之间的传输。

表 5-4　通信网络系统传输说明

通信方式			设备类型	实施部门	安装设备地点	备注
电话网	集中用户交换机功能		程控交换机	电信部门	公网电话局	主要以软件实现
	程控用户交换局远端用户模块		程控交换机模块	电信部门	物业提供机房	相当于交换局的用户级
	程控用户交换设备		程控交换机	物业	物业机房或住宅楼设备间	交换机可用 PABX 或 ISPBX
接入网	光纤接入	光纤接入设备光纤到小区（FTTL）、光纤到路边（FTTC）、光纤到楼（FTTB）、光纤到户（FTTH）	光纤线路终端（OLT）	电信、物业	电话局或物业机房	1.ONU 设备可安装在室外 2.传输为光纤网络
			光纤网络单元（ONU）	电信、物业	物业机房或住宅楼设备间	
			传输网系统	电信、物业	社区内	
	铜缆接入	高比特率数字用户线（HDSL）	局端设备	电信、物业	电信或物业机房	铜缆实现 2 Mbit/s 或以上宽带业务
		非对称数字用户线（ADSL）	远端设备	电信、物业	物业机房或住宅楼设备间	
	无线接入		基站	物业	物业、住宅、用户处	仅为无线用户环路方式（WLL）
			控制单元	物业	物业机房或住宅楼设备间	
	光纤同轴网（HFC）		光网络设备，电缆分配网	广电、电信、物业	物业机房或住宅楼设备间	主要为有线电视网
B-ISDN 宽带综合业务数字网			ATM 交换机	电信、物业	物业机房或住宅楼设备间	主要为骨干网

　　建筑群之间的缆线管道安装主要有架空法、地下管道法和电缆沟三种敷设方式。架空法是利用现有的电线杆，由电缆杆支撑的电缆在建筑物之间悬空。这种方法成本不高，但影响美观，保密性、安全性和灵活性差，不是理想的建筑群布线方式。目前，多采用地下管道法或电缆沟的敷设方式，如图 5-3 所示。

　　以上三种敷设方式既可以单独使用，也可以混合使用，视具体建筑群而定。因此，在进行设计时，一定要采取灵活、开阔的思路，既要考虑实用，又要考虑经济、美观，还要考虑维护方便。它们的优点、缺点比较见表 5-5。

表 5-5　建筑群电缆敷设方法比较

方法	优点	缺点
管道内	提供最佳的机械保护，任何时候都可以敷设电缆，电缆敷设、扩充和加固都相当容易，能保持建筑物的外貌整齐	挖沟、开管道和建人孔的初次投资费用较高
直埋	提供某种程度的机械保护，能保持道路和建筑物外貌整齐，初次投资较低	扩容或更换电缆会破坏道路和建筑物外貌

方法	优点	缺点
架空	如果本来就有电线杆，工程造价较低	不能提供机械保护，安全性差，影响建筑物的美观

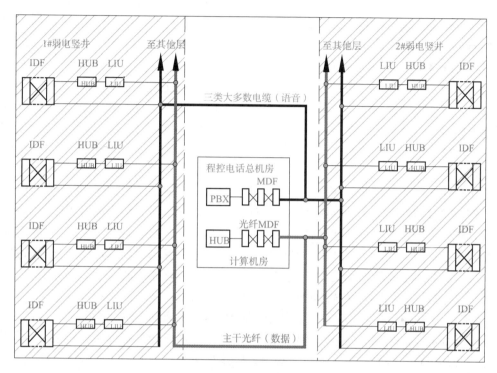

图 5-3　弱电管道干线敷设示意

二、智能子系统的互连方式与集成模式

1. 子系统的互连方式

系统集成主要是通过建筑与建筑群结构化的综合布线系统和计算机网络技术，使构成智能化建筑的各个主要子系统都具有开放式结构，协议和接口都标准化和规范化。常用的互连方式如下：

(1)硬件连接方式。早期系统集成手段，现在少采用通过增加子系统的输入输出接点或传感器，接入另一设备子系统的输入输出接点集成。

(2)串行通信方式。将现场控制器改造，增加串行接口，可与其他设备子系统通信。通信交换通过通信协议转换实现。

(3)以 BAS 为核心的 BMS 平台。基于 BAS 平台的内部子系统互连方式，是一种常见的楼宇自控集成方式，主要是由冷水机组、通风、变配电、电梯等建筑设备组成的，通过集成实现运行设备的自动化控制。BAS 与综合安防工程 SAS 和消防工程 FAS 是同等级别的独立系统集成。这几个独立系统通过信息网络平台集成之后，称为 BAS 集成，是相对独立且封闭的集成系统。

BMS 主要以 BA 系统为核心，采用 BAS 二级网络结构的形式，通过 LonWorks 或

BACnet 等技术实现系统集成。上层以 B/S(浏览器/服务器)的方式在中央监控管理机上实现对建筑物或建筑群的监控，下层通过 RS-485、LonWorks 等标准工控制总线方式，建立数据通信、协议转换和控制模块，将各子系统运行数据通过楼宇内部的局域网实施管理。这种模式实现较简单，造价较低，系统之间可较好的联动，是目前系统集成中应用较多的一种集成模式。该集成方式具备安全、经济、可靠性、互联互通等各个方面的明显优势，对智慧运维中子系统资料的统计、能耗分析都具有很大的帮助作用。该集成系统的缺点是自动控制系统发生故障，会造成 BMS 系统的瘫痪，无法进行监控和管理，因此，该集成形式的日常管理维护是必要且重要的。

（4）子系统平等集成方式。子系统平等集成方式是一种更为先进的解决方案。其核心思想是建立系统集成管理网络，将各个子系统视为下层现场控制网，以平等方式集成；系统集成数据库，将各子系统的实时数据库通过开放工业标准接口（ODBC、OPC 等）转换成统一的格式存储于系统集成数据库，集成管理网络通过核心调度程序对各子系统进行统一管理、监控、信息交换。

建筑智能化中包括多个子系统，涉及实时控制和分时控制两个不同的信息处理领域。由于处理对象差异，各个子系统在硬件和软件结构上均有不同。系统集成实质上是一种横向集成，将各个子系统通过物理集成、网络集成、应用集成而连接成为一个完整的大系统。对建筑智能化控制来说，实时数据的集成最为重要，也是首先实现的，要充分利用先进的产品和技术，实现对建筑物消防、安全防范、电梯控制、灯光控制、停车场等诸多子系统实时数据的集成，完成各子系统之间的联动控制。

（5）采用开放式标准实现互连。开放式标准是实现设备及子系统之间无缝连接的最好方法。不同厂商的产品均以公开的工业标准技术制造，各种组合可实现互操作性，设计实施项目时应强调三点：首先是系统的技术规范，应该是所有厂商共同遵守的；其次是不同厂家产品应具有互操作性，可替换；最后是通信标准化，方便系统间的直接连接。通信标准化框图如图 5-4 所示。常用的总线标准有 7 个，如 LonWorks、World FIP、BACnet、CAN、CEBas、IEEE－488、ISP。BACnet 常应用于管理层，LonMark 是以 LonWorks 技术为基础的一套标准，适合控制现场网络。

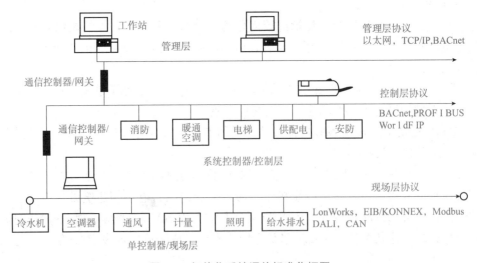

图 5-4　智能化系统通信标准化框图

网络协议、通信规程或通信规约是一组各方同意、共同遵守、用来在网络设备交换信息的规则和消息格式。对于复杂的网络协议，采用层次结构，层与层有接口，为层与层之间的组合提供通道。TCP/IP(传输控制协议/网际协议)解决网络互连和异构计算机之间提供可行的透明通信服务的一组协议，是因特网的基础。它独立于特定的计算机软硬件和网络系统，具有开放性，可将现行的局域网互联，统一了地址规则，IP地址与域名是唯一，高层协议基本标准化，成为工业控制通信协议。

标准通信协议是开放系统必须具备的基础条件，也是实现系统互联的必要前提。在智能化建筑的系统集成中，必须解决作为提供者的空调机组、制冷机组等各种设备及控制系统，与作为数据使用者的协议控制、维护管理、能力分析等任务之间沟通问题，能通过软件解决这些问题的技术称为互联软件技术。开放数据库连接 ODBC(Open Data Base Connection)、过程控制对象连接及嵌入 OPC(OLE for Process Control)实现了远程调用，规范了接口函数，无论现场设备以何种形式存在，客户都以统一的方式去访问，如图 5-5 所示。

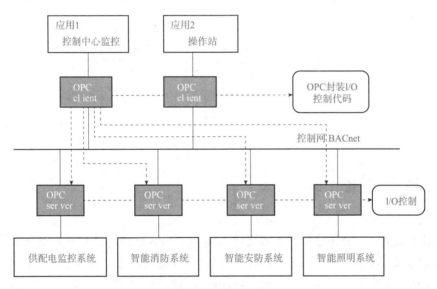

图 5-5　控制系统集成的 OPC 技术

OPC 互联软件技术是目前应用最广、性能优良、技术先进的一种互联软件技术。OPC是由多家自控公司和 Microsoft 公司共同制定的，支持多种开放协议，为客户提供开放、灵活和标准的技术，减少未来集成系统所需要的开放和维护费用。它的重要作用是使设备中的软件标准化，从设备端读取和存储相关数据，将各种计算机环境下系统集成变得简单易行，为实时控制域与信息管理域的全面集成创造良好的软件环境。这种技术使客户端应用程序对服务器数据的访问采用标准接口方式，在工业界广泛流行。

2. 系统集成模式

(1)系统集成设计步骤。

1)研究建筑物的功能要求，确定智能化子系统的构成；

2)根据智能化系统应能达到的功能指标，确定智能化集成系统响应时间、存储容量、容错程度和安全指标内容；

3)依据业主要求及经济成本，确定采用操作系统、应用软件、数据库和系统平台；

4)确定系统集成原则，安全、可靠、先进、开放、容错和易维护。

(2)系统集成模式设计。一体化集成模式，建立智能建筑综合管理系统 IBMS，采用统一的计算机操作平台，同一界面实现集中监控、控制和管理功能。下面通过阶段实施、造价成本、实现复杂等特点，阐述"OAS、BAS 的系统集成"的内容，如图 5-6 所示。

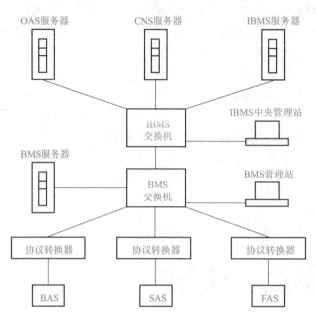

图 5-6　智能建筑综合管理系统 IBMS 集成模式

三、集成管理系统的结构

1. 集成的智能化子系统

对于居住类建筑、公共建筑、工业建筑及多功能组合的综合体建筑，智能化子系统设置应依据《智能建筑设计标准》(GB 50314—2015)进行配置，建设安全、生态、节能、健康的场所，营造以人为本、高效监控、低碳环保的建筑环境。主要采用下列子系统：

(1)综合计算机信息管理系统(Management Information System，MIS)，提供整体数据集成框架，共享数据库平台，保障系统的数据一致性，消除信息孤岛，提高数据安全性，并在此基础上，提供面向个人、集体等管理部门的综合查询和统计分析，满足个人协作、公共信息服务。

(2)办公自动化系统(Office Automation System，OAS)，可分为通用办公自动化系统和专用办公自动化系统。其主要包括系统管理、公文管理、日常办公、个人办公、信息采编、公共服务、网上交流等功能模块，实现数据共享和资源共享，将各种计算机连成网络。

(3)建筑物自动化系统(BAS)及其所属子系统(如供冷热、通风及空气调节系统；给水排水系统；变配电及发电系统；照明控制系统；电梯和自动扶梯系统)。对每一个受控点的状态进行管理和控制，对报警信号进行处理，建立历史状态数据库。所有数据均可根据需要用于各种管理，如自动能耗计量管理、物业管理等。

(4)保安管理系统(SAS)及其所属子系统，防盗报警系统、闭路监视系统、出入口控制系统、巡更系统(可利用建筑物自动化控制系统)，对设置的监控点状态全面管控，存储历史影像，对监控图像进行数字生成和图像云端处理。

（5）火灾报警系统（FAS），火灾自动报警装置由微处理器组成，其探测对象多样化，还有防盗、漏气报警。功能模块化、软件化采用模糊数学和模式识别法。系统集散化可与建筑物内自动控制系统联网。功能智能化采用人工智能，火灾数据库，知识发现技术、模糊逻辑理论、人工神经网络等。对火灾监控场所的每一个保护点状态进行分析，与国家和地方应急指挥体系相联，及时发布预报及预期警示信息。

（6）公共广播系统包括业务广播、背景广播和紧急广播。业务广播主要服务场所办公楼、商业楼、院校、车站、客运等处，满足日常信息传递；背景广播，其网络一般分布在会议室、办公室、走廊、各通道口及建筑物外有人活动的空间，提供各功能区渲染环境气氛的音源信号；紧急广播是为规定区域播发的专用信令，其广播应优先于业务广播、背景广播；消防应急广播即是紧急广播中的一种形式。消防应急广播，作为消防系统的一个重要组成部分，火警时广播报警，帮助建筑物内人员了解火情及及时引导疏散。尽管业务广播、背景广播和应急广播系统用途不同，但它们在系统组成上可进行交叉，如背景广播可用于业务性广播，同时兼顾火灾应急广播。若火灾时，自动切换至层紧急广播，同时切断背景音乐广播。项目设计应与会议系统、信息导引及发布系统等智能化应用功能结合，适应数字化处理技术、网络化播控方式。

（7）智能（IC）卡系统，运用IC卡系统进行出入口的控制；建筑物内的物业管理的电子钱包，与金融系统结合，可灵活而严密控制建筑物内的水、电、气、风的计量、记录和付费等一系列的物业管理，可对计算机网络系统的访问权限和级别进行控制。还可与考勤机及显示屏联网，通告人员就位情况，方便管理，提高服务质量。

2. 集成系统的总体结构

采用客户机/服务器（C/S）或浏览器（WEB）模式，通过标准通信协议和接口实现各资源子网的无缝式集成。中央主机既要实现各种处理功能，与资源子网互联，同时实现远程网络通信，可选用高性能小型机，配置带有保护盘的大容量磁盘阵列及足够的通信接口，确保主机的高可靠性和安全性，其操作系统选用符合开放性原则，支持国际或工业标准的产品。

数据库管理系统（DBMS）选用成熟的分布式关系型数据库管理系统，符合结构化查询语言（SQL）标准，支持"客户机/服务器"（C/S）体系结构，可通过多种网络标准协议实现多操作系统、异种机的互联。客户机用于以上所述的各个子系统。

综合管理系统是在建筑物的计算机网络上建立起来的软件平台。综合管理系统的要求是尽量达到系统之间的互相联系和扩充。如智能（IC）卡系统与门禁系统和保安监控系统达到集成，在非正常情况下闯入，门禁系统将联动监控系统的自动录像和报警功能；同时，在系统主机上进行显示闯入的位置，IC卡和门禁系统采用相同的管理软件与智能卡充分达到一卡通的效果，通过主机记录大门情况，考勤和IC卡的消费；IC卡系统和大屏幕显示系统达到联网，持卡人在签到机上签到后，IC卡系统联动到大屏幕显示系统，系统可显示不同的持卡人在不同的房间。综合布线系统和办公自动化系统、建筑物自动化系统、信息管理系统联网，以综合布线系统为基础架构起网络系统，通过网络使用信息管理软件，同时，建筑物自动控制系统的数据也可通过网络共享；远程教学系统和背景音响系统、卫星电视系统联网。以上各系统均为今后的升级做了一定的预留准备；同时，选用的设备要有系统集成的软件和硬件的接口及协议。

3. 集成系统的建立

主干网络和软件系统，网络管理系统应该能够同时支持对网络的监视、控制和管理，支持不同厂家的联网设备，容纳不同的管理系统。软件系统具有先进的技术特征，用分布式的计算机网络、分布的数据库结构和分布式的网络接口来配置必要的数据库与应用服务程序；组织完整的管理员操作界面，统一监测和控制，设计和解决集成网络与各子系统通信接口，优化系统，向主干计算机局域网系统提供数据接口和系统集成的信息。

子系统的集成，在设计时应该考虑各子系统的应用软件接口和界面，各子系统为实现信息共享可采用统一的网络数据库，明确各系统的分界面，必须具有良好的开放性。

四、系统集成管理软件简介

1. IBMS 架构

现代的智慧建筑是一个采用分层分布式结构的集散监控系统，其各弱电子系统相对独立，能够各自完成相应的监测、控制和管理功能。因此，可以将智慧建筑分为三个层次：最上层 IBMS 集成平台是整个建筑的监控管理中心，负责整个系统协调运行和综合管理；中间系统控制层即各智能化子系统，具有独立运行能力，实现各系统的监测和控制；下层为机电设备物理层，又称现场设备层，包括各类传感器、探测器、仪表和执行机构等。

该平台建立基于云技术的 IBMS 集成管理软件，用于云服务的 SaaS，可运行在公共的或私有的 PaaS(Platform-as-a-Service)云服务器上。云 IBMS 与传统 IBMS 最大的不同是运行环境不同、组态方式不同、运行负载能力不同。例如，云 IBMS 是运行于云虚拟服务器 PaaS 上，并且采用云端在线组态，实时发布组态页面；同时，平台具有超大规模并发支持、虚拟化、高可靠性、通用性、高可扩展性、按需服务等优点。IBMS 按照云、边、端、管的思路统筹设计，便于用户使用一套系统即可实现对各个功能子系统的统一融合管理。

(1)平台层——云：采用公共云或私有云方式，由部署在云服务器或本地服务器的方式实现各专业的控制，保证建筑的数据安全性、稳定性。当某台设备宕机后，平台仍可稳定运行，实现建筑各专业子系统数据的融合及统一化处理，为上层应用支撑数据基础，对外提供统一的数据服务接口，减少智慧建筑功能的二次开发。

(2)接入层——边：通过交换机、物联网管道侧设备、软件定义 IOT 边缘接入设备或类似功能产品、多媒体终端、无线路由器及第三方子系统数据接口，标准接入各类设备和专业子系统，达到弱电施工建设和后期运维管理的统一化、标准化、智能化、智慧化。

(3)设备层——端：主要是建筑现场的各个子系统的前端设备，按照设计点位部署方式和技术要求，安装实施要求。

(4)应用层——管：通过数据中心(物联网 IoT)提供标准的 API 接口，建立各个子系统数据通道，实现建筑的操作系统，上层应用按照业务部门使用和管理需求，按需开发，以及后期扩展，落地智慧楼宇的生态功能。应用层实现智能建筑的智慧能源、智慧机电、综合安防、智能运行、智慧空间等功能，按照不同用户权限，通过微信小程序、计算机和大屏统一呈现、统一控制等。

2. 软件基本功能

(1)集中管理功能：可对各子系统进行全局化的集中统一式监视和管理，将各集成子系统的信息统一存储、显示和管理在同一平台上，并对重要部位的运行信息实时动态监视，实现事前预警，提高突发事件的响应能力。

（2）分散控制功能：采用与各智能化应用系统数据通信的方式，实现对系统状态的监控和信息与数据的交互，并最大限度地发挥各个子系统之间运行功能。

（3）可视化管理功能：建立 BIM＋CIM＋GIS 的电子地图系统，即"组态图"系统。用户可以利用"组态图"系统实现任意关系的地图、平面图、示意图、楼层图、设备原图等电子地图系统，对设备进行控制，如图 5-7 所示。

图 5-7　数据展现及分析主界面

（4）统一报警管理功能：实时监测每个设备的报警信息和状态，并实时显示。

（5）跨系统联动功能：全局事件联动管理是智能控制的重要部分，实现智能建筑内各专业子系统之间的互相操作、快速响应与全局控制。跨系统联动方案的设计主要是依据智能建筑管理流程和各种安防报警、消防报警、门禁、照明、空调等系统设备的布防来设置。IBMS 的智能联动可有效提高建筑综合管理能力及对突发事件的处理能力。

（6）智能调度管理功能：平台提供智能的设备调度管理功能，可以根据预先的设定，对设备进行单次或周期性的调度控制。例如，可根据历史经验或预设的参数对某些设备的流量大小进行自动调节，对设备的负载进行自动均衡；或是按照时间周期性地自动对设备进行启/停或开/关控制；也可以根据不同季节和管理制度要求，设置不同的调度模式和策略，在满足使用要求的前提下，达到综合节能和方便管理的目的。

3. 系统接入的协议

开放性网络允许用户将设备数据集成到其他网络中，实现数据共享；在网络其他平台上执行的应用程序，可通过使用网络应用程序接口，存取实时数据等；供火灾自动报警等子系统数据传送显示、打印、完成集成联动；系统除能支持所集成的系统（BAS、FAS、

SAS、CNS、INS)外，还应允许用户进行规定的维护操作(如保护性维护和校正性维护)；通过浏览服务器 Web Server 建立 IBMS 与 Internet 和 Intranet 之间的联系，各地用户均可在工作站中通过 Internet 和 Intranet 及标准的 Web 浏览器访问 IBMS。表 5-6 为各种网络传输介质的协议及接口要求。

表 5-6　各种网络传输介质的协议及接口要求

网络功能及接口	以太网	有线电视	电话	专用网络	电力载波
传输系统结构	LAN	HFC	PSTN/PSPDN	专用	Power Line Network
中心接入设备	网络交换机	有线电视前端	PABX	网关或专用设备	专用设备
网络拓扑结构	树型	树型	星型	树型＋串型总线	树型＋串型总线
线路分支连接设备	集线器或交换机	双向放大器/双向分支分配器	无源连接	路由器或专用设备	专用设备
传输介质	光纤＋4 对 8 芯双绞线	光纤＋同轴电缆	2 芯或 4 芯电话线	多芯电缆	电源线
终端通信接口	网络适配接口	电缆调制解调器接口或其他	各种调制解调器接口	异步通信接口 LonWorks	专用适配接口
终端设备	基于 NIC 的 NDT	CDT/基于 Cable Medem 的专用终端	基于 Medem 的专用终端	基于 LonWorks 的专用终端或其他	专用终端
介质层传输协议	IEEE802.X	IEEE802.14 或企业标准	V.2X、V.3X		
传输速率	10/100/1 000 Mbps	最大 10 Mbps 不对称传输	最大 56 kbps	1～10 Mbps	最大 1 Mbps
数据链路层访问协议	802.3	802.3		LonWorks、RS-485	
采用标准协议	是	是	是	是	是
支持工作模式	实时在线	实时在线	拨号连接	实时在线	实时在线
系统扩展性	好	较好	好	好	较好

1. 智能建筑采用的集成模式有哪些?

2. BMS监控系统子系统如何集成?

3. 系统集成的核心思想是什么?

4. 针对楼宇智能化系统,简述集成系统的设计内容。

5. 网络是实现集成的重要手段,三网融合表现为三网在技术上趋向一致,网络层上可实现互联互通、业务层上相互渗透和交叉、应用层上趋向统一。说明三网合一的网络技术。

一、数字校园需求分析

1. 智能化集成系统的需求分析

数字校园的目的是充分利用信息技术来改变各部门之间的信息传递流程，推动高校组织方式，管理结构与运行方式的变革。

数字校园的弱电工程建设包括楼宇自动化控制系统、综合安保自动化系统、消防报警自动化系统、智能广播、智能一卡通管理系统等子系统；建立基于成熟、先进、实用的原则，从学校的性质、用途出发，将各自独立分离的智能化子系统集成一个相互关联、信息完整和协调一致的综合网络系统，使系统信息高度共享和合理分配。

本大学是一综合性的建筑群，功能分布多，有教学楼、实验楼、多功能活动中心、图文信息中心、宿舍，分布范围广。根据学校的初步需求，将校区划分为学生区、教学中心区、体育区、国际合作区几个区域，如图 5-8 所示。

(1)系统集成，以 BMS 为基础，对 BMS 系统收集的智能化设备的各种数据进行分析和处理，结合 FMS 系统中相应的智能化设备数据库信息，以实现对数字校园全方位管理的应用系统，系统从 BMS 到 FMS 再到 IBMS 自底向上，将这三个系统建立成为一个有机的整体。

(2)采用开放式标准协议，不同厂商的各种设备之间可以进行物理互联并实现信息交换，常用的开放式标准协议有 Ethernet 协议、BACnet 标准与 LonWorks 技术，开放性涉及的关键问题在于系统所采用的数据交换技术和接口实现技术。

(3)智慧运维，系统能够提供信息收集、统计分析、信息发布、综合查询的综合物业管理系统。用相同的环境、相同的软件界面，对分散的、相互独立的智能化子系统集成监控，对环境温度、湿度等参数，空调、电梯等设备的运行状态，分项采集、完成能耗分析。

2. 智能化集成系统的网络构建要求

(1)应包括智能化系统信息共享平台建设和信息化应用功能实施。

(2)由集成系统网络管道、集成系统平台应用程序、集成互为关联的各系统通信接口形式组成。

(3)由通用基本管理模块和专业业务运营管理模块配接构成。

(4)应包括安全权限管理、信息集成集中监视、报警及处理、数据统计和储存、文件报表生成和管理等，包括监测和控制、管理及数据分析等。

(5)应具有建筑主体业务专业需求功能和符合标准化运营管理应用功能。

(6)应符合建筑物智能信息集成方式、业务功能和运营管理模式等需求。

智能化集成系统通过特定的技术手段，将不同功能的建筑智能化系统，通过统一的信息平台实现集成，以形成具有资源共享及优化管理等综合功能的系统。

根据校园的物理布局考虑，规划学校的网络、语音、一卡通、安防、电视、楼控及广播的中心机房合在一起设置在图文信息中心；采用电信网、广播电视网、计算机网络的"三网融合"，表现为三网在技术上趋向一致，网络层上可以实现互联互通、业务层上相互渗透和交叉、应用层上趋向统一。

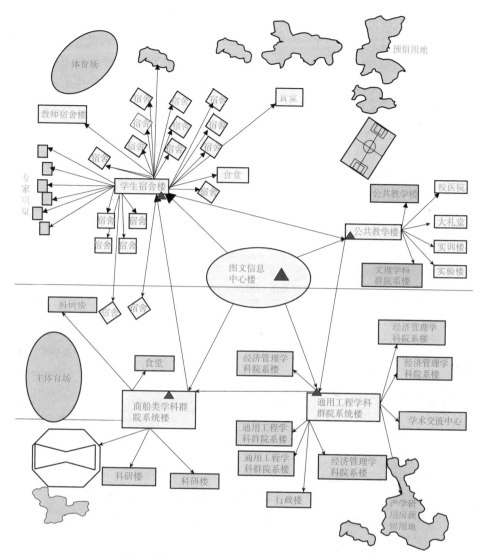

图 5-8　某大学弱电系统外网工程(区域网络中心、室外 2 根 48 芯单模光纤、
室内 24 芯多模光纤、垂直干线 12 芯多模光纤)

二、数字校园设计规划

1. 综合管道系统设计

依据数字校园的功能，设计弱电工程主要包括电话系统、广播音响系统、有线电视系统、安全防范系统、火灾报警系统、智能建筑自动化系统。

弱电综合管道的设计必须充分了解各使用部门和管理部门的实际需求，同时，与土建、装修、空调、水电和通信管道配合设计，既要有时效性，又要有超前意识。

弱电系统整体组网采用环形加星型结构，数据主干采用多芯单模光缆，以学生宿舍、公共教学楼、商船类学科群院系统楼、通用工程学科群院系统楼设置 4 个区域中心，图文信息中心设置学校的网络信息总中心，将整个园区划分为 4 个方形的区域，每个区域不设置三级汇聚中心，弱电信息由各个单体接入所属的中心。为便于管理，每个方形区域内建筑连通采用光缆到楼设备间(进线间)。

有线电视系统信号源取自城市有线电视网设计，各建筑物内分别设置前端。前端设备一般设置在建筑物的设备间。系统采用中心—分配—分支方式，室外射频电缆沿地进入建筑物时，应在入户端将电缆金属外导体按照相关规范要求与接地装置相连。此次设计考虑从电视中心到单体的有线电视信号采用光缆传输的方式，从逻辑上是一个星型扩展的结构。

一卡通系统占用网络光纤中的 2 芯，有线电视采用同轴电缆的传输模式，安防采用基于校园网的方式，不单独设置专网，在网络分段时将安防单独设为一个网段。

计算机网络系统将覆盖整个校区的建筑物。同时，计算机网络系统可以通过路由器接入 Internet。

主干网可以适应 FDDI、快速以太网、千兆以太网、ATM 网等；局域网可以根据具体用途配置各种级别的网络设备，以适应网络设备的扩充和调整。各区域数据点位需求量指标见表 5-7。

表 5-7　各区域数据点位需求量指标

性质	参考需求量指标	备注
教学用房	3～5 个/每教室	一个教室最少 3 个网络点
学生公寓	1 个/2 套宿舍	按实际套数考虑
教师公寓	1 个/1 套	
行政办公用房	1 个/8～10 m²	—
后勤附属用房	1 个/20 m²	
学生机房	主干 4 个或 1 根光缆/1 个机房	内部数量根据计算机数量定
公共场所	1 个/50 m²	主要在楼道和大厅等处考虑

根据目前楼宇建筑面积规划，除学生宿舍外，校园内信息点在 5 000～10 000 个。本次估算按照教学区 6 类信息点 5 000 个、宿舍区超 5 类信息点 7 000 个考虑。

在校园网的规划中，整个系统将来要达到 15 000～20 000 个信息点的规模。可将校区分为以下三个层次：

(1)在图文信息中心建立学校的双核心网络，并建立校区的数据中心和各类应用软件服务系统；

(2)在校园网中设立 4 个汇聚中心，通过单模光纤以万兆速率接入到信息中心主交换机并通过环网结构将 4 个二级核心交换机互联；向下以千兆方式接入到各个接入楼宇；

(3)在各楼层内部通过对接入交换机进行堆叠或千兆级联，实现所有接入交换机千兆上连，百兆接入桌面信息点。

在图书阅览室、大规模会议室和休闲场所，无线网络应用会作为布线系统和传统网络的必要补充，也会纳入校园网的应用。在设计时采用了在室内天馈系统，在室外采用大功率发射的方案，尽量减少 AP 的数量，增加天线扩大无线接入点的覆盖范围。

2. 智能化系统的集成

本校区有 50 多栋建筑，主要由行政楼、图文信息中心、公共教学楼、科研楼、实训楼、专家别墅楼、各院系统楼、食堂、宿舍楼后勤及辅助用房等组成，为适应现代化教育的需要，将建成一流的智能化、网络化、数字化、绿色化的大学校园。

(1)校区的 BA 系统主要包括：校园的电源管理；校园绿化喷淋；给水排水系统；公共

照明系统；空调系统。

结合国家建筑绿色环保、低碳的要求，空调部分是楼宇主要能耗组成部分。设计中将图文信息中心大楼、食堂等的集中空调系统场所纳入 BA 管理系统，并对部分对室内温度及压力要求较高的藏书间及实验室进行自动监测。由于本系统涉及的建筑区域面积较大，因此，管理中心与各 DDC 控制器采用以太网传输。BA 系统的网络配置遵循分散控制、集中监视、资源和信息共享的基本原则，是一个工业化标准的集散型控制系统。

（2）安防工程设计时，考虑所有摄像机的监视范围内报警探测器与闭路监视系统的联动，实现对探测报警器触发报警的复核，可快速有效地确定警情。根据需求和图纸的综合考虑，将安防中心设置在图文信息中心大楼内。单体楼内的监控和报警信号都是通过共用主干光纤传输至安防中心的。整个监控报警系统的构架是基于数字校园网络的，在单体楼或几栋单体楼内选择一个作为安防分中心，设置硬盘录像机和报警主机，校园安防中心采用基于校园网的专有光纤通道。

（3）校园一卡通系统是学校数字化校园建设的基础工程，搭建包括全校人员统一身份库的基础平台，保证一卡通在扩充各类应用子系统和与第三方产品对接时无须再对一卡通平台进行修改。主干网以校园网快速以太网交换机为网络核心，通过 10/100 M 口下连接到网络数据服务器及各类一卡通终端设备。

（4）广播系统是学校重要的硬件基础设施，根据校区的地理建筑情况，结合各功能区的特性，一个公共广播系统通常划分成若干个区域，对体育场、礼堂等，由于功率放大器与扬声器的距离不远，一般采用低阻大电流的直接馈送方式，传输线要求用专用喇叭线。对公共广播系统，由于服务区域广、距离长，为了减少传输线路引起的损耗，往往采用高压传输方式，又由于传输电流小，因此，对传输线要求相对不高。但是，为避免平行干扰，须与其他弱电系统分开铺设电缆。

（5）多媒体教学系统。建立整套的"基于校园网的远程教学方案"，依托现有的 IP 通信网络和现代视频会议技术（H.323 标准协议），建立一个虚拟主讲教室，实现实时、高效、安全的远程视频教学。

会议系统作为某大学新建设弱电项目的重要组成部分之一，主要考虑投影系统、扩声系统、集中控制系统、摄像自动跟踪系统。

（6）电话通信系统。规划语音点水平布线采用超 5 类双绞线，楼宇间语音主干采用 3 类大对数电缆，室内部分语音点和数据点统一考虑，达到兼容和备份的目的。

按照校区的总体规划布置，在图文信息大楼设置电信综合服务设施，主要设置电话虚拟网交换设备，交换机房的规模由电信部门与业主共同确定。机房内设置总配线架，各区分别设置电话交接箱，由总配线架至各分交接箱采用大对数铜缆或光纤。

三、集成平台

从数字校园的弱电工程的性质、用途出发，基于成熟、先进、实用的原则，把各智能化子系统（包括楼宇自动化控制系统、综合安保自动化系统、消防报警自动化系统、智能广播、智能一卡通管理系统等）由各自独立分离的设备、功能和信息集成为一个相互关联、完整和协调的综合网络系统，使系统信息高度共享和合理分配，最终实现管理信息的数字化，构建各类数据共享的信息管理系统和信息发布系统。

本数字校区弱电系统设置系统集成工作站、电能监视系统工作站、楼宇设备控制系统工作站、智能照明控制系统工作站、安防系统工作站及火灾自动报警系统工作站，实现BMS监控管理，完成校区整个弱电系统的协调运行和综合管理，建立弱电系统数据库，与校区建筑物智能化子系统进行信息交换和共享，如图5-9所示。

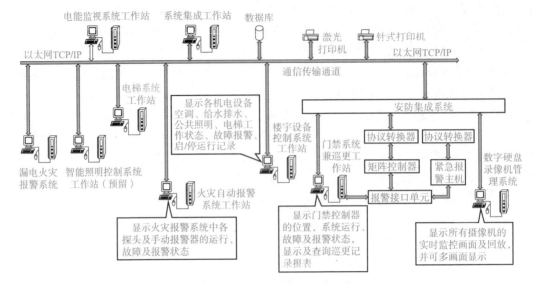

图 5-9　智能化系统集成数字应用结构

本系统设计中消防报警系统与其他子系统仅作监察讯息交换，不受任何系统所控制。

通信传输通道以太网进行联系，分系统工作站内部通过通信总线进行连接。BMS工作站利用OPC Server接口服务程序与BAS机电设备的检测参数(包括温度、湿度、压力、流量、电压、电流、开关数据、工作正常/非正常状态等)连接，BMS中心局域网采用遵循ISO的OSI协议标准的以太网。安防系统终端设备采用数字化配置，通过两个OPC Server接口服务程序分别连接闭路电视监控CCTV系统和防盗报警系统连接。

集成系统联动是智能控制的重要部分，通过开发平台预先设置系统联动控制方案。联动方案设计以不同应用层次作为划分依据，采用硬联动方式实现消防联动、实时性要求强的联动，采用软联动方式实现节能功能、防盗功能等增值性功能，这样既考虑到国内相关行业操作规程及安全责任等因素的要求，又可体现集成系统经济性、便捷性的优点。

四、弱电工程

1. 弱电机房

依据《智能建筑设计标准》(GB 50314—2015)，机房工程应成为实现智能化系统数据信息的集中处理、存储、传输、交换、管理的中心，而计算机设备、服务器设备、网络设备、存储设备等是数据中心管理的关键设备。弱电机房工程作为向各类智能化系统设备及装置提供安全、可靠和高效地运行及便于维护的物理空间，应符合建筑智能化系统集约化建设和管理的原则，并应满足现行国家标准《数据中心设计规范》(GB 50174—2017)、《建筑物电子信息系统防雷技术规范》(GB 50343—2012)、《电磁环境控制限值》(GB 8702—2014)的有关规定。

校区网络中心机房考虑设在图文信息楼，网络机房约为 $200~m^2$，消防独立设置在一层，安防及广播机房也考虑集中设置在图文信息楼，安防机房约为 $80~m^2$，广播机房为 $60~m^2$。

机房工程也是建筑智能化系统的一个重要部分，涵盖了建筑装修、供电照明、防雷接地、UPS 不间断电源、精密空调、环境监测、火灾报警、门禁、防盗、闭路监视、综合布线和系统集成等技术。平面布置如图 5-10 所示。本网络中心机房建设包括以下几个方面：

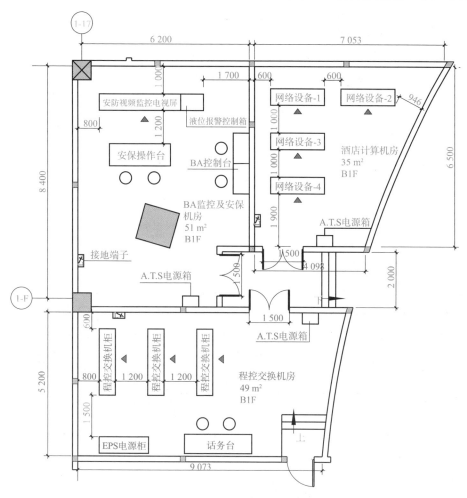

图 5-10　消防机房及弱电中心机房平面布置图

（1）主机房和辅助机房的功能区域划分及防火隔断措施；

（2）机房温度控制在 18 ℃～28 ℃，相对湿度保持在 30％～80％，采用机械通风；

（3）机房采用防静电高架地板墙面，合理布置新风管道、消防、照明灯具等；

（4）机房照明采用高效节能灯具，水平照度≥500 lx，垂直照度≥30 lx，眩光指数 UGR≤22；

（5）机房设置防雷接地系统、电磁屏蔽系统等安全措施。接地系统要求见表 5-8。

表 5-8　接地系统要求表

序号	规定要求
1	保护地线的接地电阻值，单独设置接地体时，不应大于 4 Ω；采用联合接地体时，不应大于 1 Ω
2	采用屏蔽布线系统时，所有屏蔽层的配线设备端必须良好接地，用户（终端设备）端视具体情况宜接地，两端接地应连接至同一接地体，若接地系统存在两个不同的接地体，其接地电位差不应大于 1 Vr.m.s
3	接地电缆的要求，接地导线采用外包绝缘套的多股铜线缆，接地距离与导线直径的关系有关的规定
	配线间中的每个配线架（柜）均要可靠接地接到配线架（柜）的接地排上，其接地导线应大于 2.5 mm²，接地电阻值应小于 1 Ω

2. 弱电综合管道工程

根据大学园区总图布局情况，弱电系统综合管道规划在主干道上组成一个扇形环，主干预留足够的管道。依据相关规范及标准图集按照各个系统之间的管线距离要求，协调弱电管道和其他专业的敷设距离见表 5-9。

表 5-9　弱电管道和其他专业的敷设距离　　　　　　　　　　　　　　　　　m

电缆管道、直埋电缆与其他底线管线和建筑物的最小净距				
其他建筑物管线及建筑名称		平行净距		交叉净距
		电缆管道	直埋电缆	电缆管道	直埋电缆
给水管		1.00	1.00	0.50	0.50
排水管		1.00	1.00	0.15	0.50
热水管		1.00	1.00	0.25	0.50
煤气管	压力≤300 kPa	1.00	1.00	0.15	0.50
	300 kPa<压力≤800 kPa	2.00	1.00	0.15	0.50
10 kV 以下电力电缆		0.50	0.50	0.50	0.50
建筑物的散水边缘			0.50		
建筑物(无散水时)			1.00		
建筑物基础		1.50			

室外弱电系统综合管道传输线缆全部采用穿保护管埋地铺设方式，如图 5-11 所示。不同种类的弱电信号传输线不宜同孔(管)铺设，严禁电力导线与弱电信号传输线同孔(管)铺设。尽量避免与电力电缆管道、压力管道等交叉一侧铺设。参见本书附图 7 和附图 8。

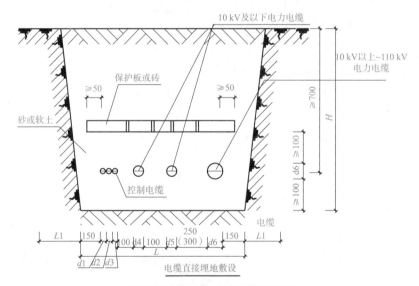

图 5-11　室外弱电电缆敷设方式

结合校区规划特点，充分考虑系统的预留，从下面几点实施：

(1)采用整体规划、分步实施的原则，建设成覆盖整个大学新校区各楼宇、广场等主要建筑的室外线缆通道。

(2)考虑到投资，采用多根大口径的 PVC 管外加混凝土包封结构。充分考虑系统的管线扩展需要。

(3)以学校对教学和科研的定位，针对校区各系统引入的不确定性，在多个方位均留有接口，方便学校与外部的互通互联，保证学校在后期的发展和建设中十五年不落后。

 项目回顾

通过梳理数字校园的信息化应用系统及智能化系统集成的知识脉络，熟悉校园一卡通系统及智能化系统集成原则，了解弱电工程综合管道设计思路，为建筑信息化、数字化提供技术支持。

 课堂思考题

一、简答题

1. 智能化子系统常用的互联方式有哪些？

2. 简述校园一卡通系统的组成及功能。

3. 简述弱电工程的综合管道选择及布置方式。

4. 以数字校园为例，IBMS 集成管理系统的技术支持有哪些？

二、选择题

1. 在实现 BMS 系统集成时，为了解决互联和互操作的问题，易于扩展、维护和升级的技术是（　　）。

    A. ODBC　　　　　B. OPC　　　　　C. API　　　　　D. NET

2. LonWorks 是全分布式的，具有开放性和（　　），采用 LonTalk 协议的通信网络。

    A. 相关性　　　　　B. 互操作性　　　　　C. 紧密性　　　　　D. 独立性

3. 在 IBMS 集成管理系统中，通常 SA 表示的是（　　）。

    A. 办公系统　　　　B. 综合布线系统　　C. 安防系统　　　　D. 消防系统

4. 在智能楼宇系统中，现场级的传感器得到的电信号转变为标准电信号的装置是（　　）。

    A. 控制器　　　　　B. 变送器　　　　　C. 阀门　　　　　D. 电执行机构

5. IBMS 集成平台的主要设备包含（　　）。

    A. 智能电量仪　　　B. 消防监测模块　　C. 报警主机　　　　D. 门禁控制器

    E. 网络交换机

6. BAS 的三大技术环节和手段是（　　）。

    A. 自动测量　　　　B. 联动　　　　　C. 监视　　　　　D. 报警

    E. 控制

7. BA 系统与 IMBS 进行系统集成主要通过 OPC 服务进行（　　）。

    A. 标准统一　　　　B. 标准通用　　　　C. 简单结构　　　　D. 系统合理

8. 中央空调系统中，EBI 软件与 DDC 控制器通信的协议是（　　）。

    A. MODBUS　　　　B. BACnet　　　　C. C-BUS　　　　D. TCP/IP

9. 在 IBMS 系统中，对消防监控系统实现的功能是（　　）。

    A. 监视功能　　　　B. 控制功能　　　　C. 查询功能　　　　D. 联动功能

    E. 报警功能

三、判断题

1. 集散控制就是中央监控室对控制器直接的控制。（　　）

2. 集成系统中，电梯系统的监视和控制是靠模拟量实现的。（　　）

项目六 绿色智慧建筑应用

项目目标

物联网、人工智能、自动控制及大数据在建筑空间的融入，解决建筑及建筑群系统集成、信息孤岛的联系、数据沉淀的分析、能耗节约的监控，完成基于 CIM 的智慧城市数字化应用。本项目检验学生及学习团队本阶段智能化工程学习的主要内容：公共安全系统、建筑设备管理系统、信息化应用系统及我国智慧城市领域的 CIM 应用。

能力目标

理论要求：

1. 了解 CIM 起源及 CIM 的概念；

2. 熟悉 CIM 基础平台组成及功能。

能力要求：

1. 使学生了解 CIM 发展过程中相关阶段性政策；

2. 依据案例熟悉数字赋能，熟悉智能建筑的特点；

3. 培养学生自主学习能力及可持续发展能力。

思政要求：

引导学生关注国家安全、文明发展，增强学生将 CIM 技术用于城市更新、生态环境和绿色生活等领域的学习精神，培养学生推动城市智能化升级的能力。

项目流程

1. 授课教师以绿色智慧建筑案例讲解数字城市发展；

2. 学生分组查阅物联网、人工智能、自动控制及 CIM 的基本概念；

3. 调研传统建筑、智能建筑、绿色建筑数字化技术应用，叙述其功能及特点；

4. 通过分组交流与合作，以 PPT 等形式分享"基于 CIM 的智慧城市（或智慧社区、智慧校园等）的调研"，总结建筑时代的演进成果；

5. 参考课时：3 课时；

6. 学习资源：

基于 BIM 的绿色智慧
建筑运维平台

建研院智能
楼宇应用

一、绿色智慧建筑

绿色化、智能化都是信息时代的产物，将两者有机地融合为一体的设计思想，应具有自学习、会思考，以人为本等特点，具有自然和谐的自适应能力，能够实现建筑全生命周期的智慧运维。近年来，信息化实现了跨部门、跨学科的融合，通过城市信息模型 CIM 平台的建设，围绕城市信息的采集和使用展开，可提供城市管理、绿色能源监测、生态城市碳排放评价体系的大数据服务。"绿色智慧建筑运维平台"可实现建筑能耗诊断与预测及能耗的有效智控，为用户行为分析、设备故障诊断提供数智析碳、精准降碳技术服务。

二、GIP 系统构架

绿色智慧建筑运维平台 GIP 通过建筑设备智能化控制技术与管理系统，运用"云技术"，将智能化子系统协同作用、有效整合系统，以提高建筑节能水平，降低成本、实现绿色可持续发展。绿色技术属于建筑环境平台，是建筑技术的范畴，而智能技术属于信息技术的范畴，BIM 技术将建筑的设计、施工、运行至建筑全寿命周期整合于三维模型信息数据库中，BIM＋大数据共同构成了绿色智慧建筑运维平台。

智慧运维的本质是基于建筑大数据的分析与应用，利用互联网和物联网的集成，以应用软件为核心，通过信息交换和共享，建立基于虚拟现实与多媒体技术的人机接口，将整个建筑内各自具有完整功能的独立子系统组合成一个有机的整体，提高系统维护水平、管理自动化水平、协调运行能力及详细的管理功能，较好实现功能集成、网络集成、软件界面集成的总体目标。绿色智慧建筑运维平台系统架构如图 6-1 所示。

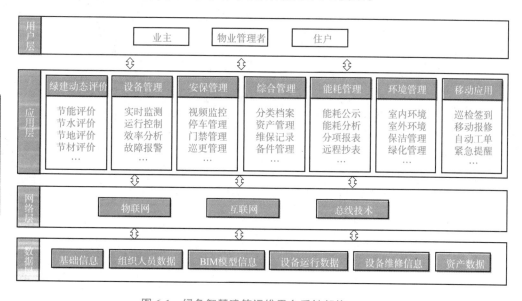

图 6-1　绿色智慧建筑运维平台系统架构

三、GIP 解决方案

绿色智慧建筑集成系统既包括绿色建筑的基本要素，又包括智能建筑大多数的主要子系统。建筑智能化是通过技术实现建筑节能的重要手段和方法，例如，运用楼宇自控系统的控制精度，优化控制算法以加强空调设备最佳启停控制，处理新风量节能控制等技术手段，提高建筑节能策略。

基于 BIM 构建统一的绿色智慧建筑集成管理平台，通过楼宇信息化、智能化技术，结合物联网、云计算技术组建平台，数据挖掘、多角度测算进行差异分析、服务分析、现状分析、未来分析，实现建筑整体的全生命周期监控。平台运用可视化手段改变传统建筑管理瓶颈，对建筑物和建筑设备进行自动检测与优化控制，实现能源分项管理、能耗监控管理、能耗分析审计和动态能源管理，对使用者提供最佳的信息服务，具有安全、舒适、健康、高效、绿色、低碳、节能、环保等特点。

四、任务内容

(1)调研建筑时代演进中传统建筑、智能建筑、绿色建筑、生态社区中数据技术 DT (Data Technology)的应用情况。了解可视化模型 BIM、CIM 的数据运用。

(2)了解数智技术赋能低碳转型，建筑节能技术手段有哪些？

五、任务总结

1. 以小组的方式调研建筑发展痛点，分析大数据技术措施实现路径。
2. 利用数字技术如何稳步迈向"双碳"目标？

任务练习　绿色建筑大数据应用

姓名：　　　　　　　班级：　　　　　　　学号：

<table>
<tr><td>小组名称</td><td></td><td>小组成员</td><td></td></tr>
<tr><td>项目名称</td><td>绿色建筑大数据应用</td><td>成绩</td><td></td></tr>
<tr><td>任务目的</td><td colspan="3">1. 了解绿色建筑案例，查询数智技术赋能低碳转型发展政策及标准；
2. 熟悉建筑时代演进中信息化、数字化、智能化、绿色化与建筑可视化技术 BIM/CIM 融合；
3. 培养学生自主学习能力及可持续发展能力</td></tr>
<tr><td>任务说明</td><td colspan="3">1. 建议 3 人一组开展；
2. 依据国家数字经济发展规划，开展数智技术应用调研</td></tr>
<tr><td>任务要求</td><td colspan="3">1. 学生分组查阅物联网、人工智能、自动控制及云计算在智能建筑应用的关键点；
2. 调研传统建筑与智能建筑、绿色建筑的数智技术应用功能及特点</td></tr>
<tr><td>任务内容</td><td colspan="3">1. 了解建筑时代演进中传统建筑、智能建筑、绿色建筑、生态社区中数据技术 DT（Data Technology）的应用情况，如下图所示。
DT 时代关键词展示，例如，AIoT 化(人工智能＋物联网)；5G、千兆光纤、卫星互联网；数字孪生城市；BIM 和 CIM(城市信息模型)；云生活。
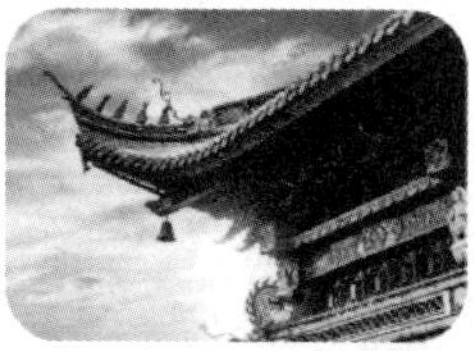
1.传统建筑
从古—20世纪80年代
天人合一，以人为本
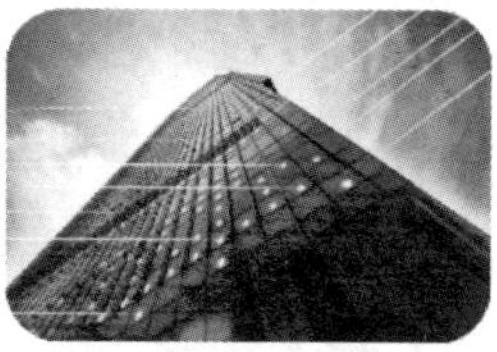
2.智能建筑
20世纪80年代—至今
“传统建筑”+辅助系统
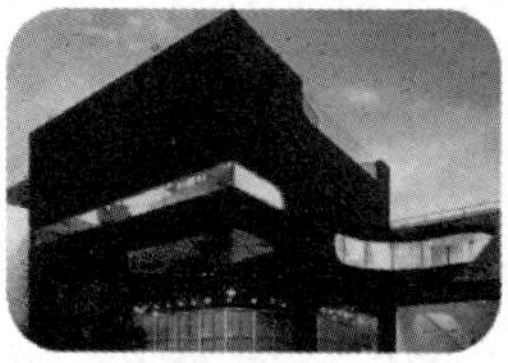
3.绿色智能建筑
2004年—至今
“传统建筑”+辅助系统+四节一环保
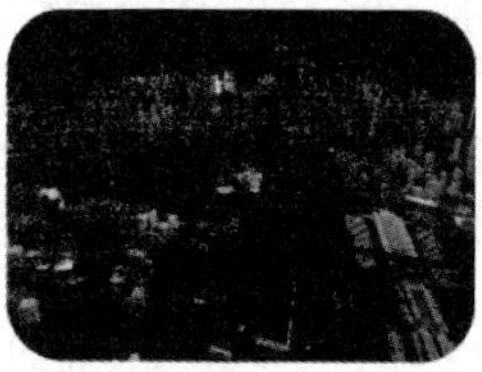
4.绿色智慧建筑
2016年—至今
“传统建筑”+辅助系统+四节一环保+建筑“大脑”

2. 了解建筑节能有哪些技术手段？</td></tr>
</table>

序号	评价项目及标准	小组自评	小组互评	教师评分
1	调研建筑发展的痛点（20分）			
2	分析绿色智慧建筑数智技术应用（20分）			
3	BIM/CIM 数字运维平台架构（40分）			
4	工作态度（10分）			
5	安全文明（10分）			
6	合计（100分）			

实训总结

遇到问题，解决方法，心得体会：

扫码打开任务书

任务练习　绿色建筑大数据应用

叙述传统建筑、智能建筑、绿色建筑、数字建筑、信息化建筑的功能及特点，见表 6-1。

表 6-1 功能及特点

建筑类型	节能技术	智能化技术	网络形式
传统建筑			
智能建筑			
绿色建筑			
数字建筑			
信息化建筑			

一、DT 时代建筑演进

中国传统建筑从风格说主要是指庭、殿、庙等楼宇、园林，是一个独立的建筑体系，记录了数千年来中华民族的特色文化及劳动人民的创造和智慧的积累。

智能建筑是智能化技术和新兴信息技术相结合的产物。在 20 世纪 90 年代，随着建筑行业大规模建设，现代化建筑的发展越来越迅速。智能楼宇利用系统集成的方法，将计算机技术、通信技术与建筑艺术有机的结合，通过对建筑设备自动监控，优化资源，使建筑具有安全、高效、舒适、便利和灵活的特点。20 世纪 70 年代，"四节一环保"成为建筑发展要素，绿色建筑对能源节约，人与建筑及环境的和谐共处、可持续发展，提出安全、健康、舒适的理念。绿色智慧建筑将数字化、信息化、智能化融入建筑"大脑"，形成数理合一的"智能终端"。智慧城市规划舒适宜人的场地生态环境，探索城市发展新模式，成为应对气候变化和能源危机、实现可持续发展的核心理念。建筑智能化发展演变如图 6-2 所示。

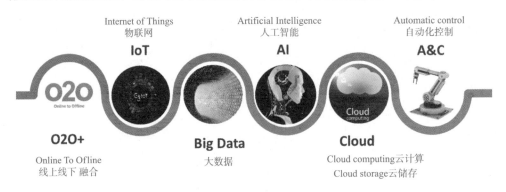

图 6-2　建筑智能化发展演变

二、绿色智慧建筑特征

绿色智慧建筑是综合性建筑，主要推进建筑可持续发展，实现传统建筑模式向节能、低碳、舒适的绿色建筑方向转型，加强节能环保措施的推行力度。绿色智慧建筑突出"对各类智能化信息的综合应用，集有感知、传输、记忆、推理、判断和决策的综合智慧能力"，为人们提供建筑综合能效的分析和管理。

绿色智慧建筑基本特征的内涵主要体现为以下几个方面：
(1)全面感知和永远在线的"生命体"；
(2)拥有大脑的自进化智慧平台；
(3)人机物深度融合的开放系统；
(4)低耗高效、经济环保的生态系统。

三、绿色建筑运维平台

建筑就好比一个躯干、四肢、器官健全，唯独缺乏大脑的人类。大脑的作用是数据的收集、记忆、分析和共享，并制定策略，具有不断学习的能力。利用BIM技术作为绿色智慧建筑运维平台的"大脑"，通过建筑自动控制系统，实现"四肢"的运动，达到被动节能的目的。

利用BIM轻量化、互联网、物联网、自动化控制、大数据、云平台、人工智能等技术，搭建一个互联互通、共享开放、多维互动的基于BIM绿色智慧建筑运维平台GIP（图6-3）。通过智慧运维平台，集合建筑最绿色、最生态的方式运行，使建筑以最高效和最低资源消耗的状态运转，以提升运维效率，加强设备设施的管控、提升物业服务品质、延长建筑寿命，提高绿色建筑整体形象，让工作和生活在建筑中的人们享受到更安全、高效和便利的服务和环境。

图6-3 基于BIM绿色智慧建筑运维平台GIP示意

四、数字时代的城市

数字经济是继农业经济、工业经济之后的主要经济形态，是以智慧城市、智慧社区、智能家居为落地与抓手的智能化空间打造。面向数字时代的城市功能定位，建筑作为"智能终端"发展新一代感知、网络、算力等数字基础设施，提供城市资源全面AIoT化（人工智能＋物联网）的统一规范，加快实现城市"物联、数联、智联"。

建筑作为城市的基础细胞，智慧建筑便是城市绿色发展的必然选择。通过智能建筑技术，可控制空气温度、个性化照明、远程安全和简化流程，有助于更好地管理和监控绿色建筑资产，降低能源成本和碳足迹，以"创新、协调、绿色、开放、共享"为理念，建立建筑能效管理为核心目标的公益性平台，进一步推动绿色智慧发展。因此，智慧化是"双碳"战略助推器。

课堂思考题

1. BIM/CIM 操作软件有哪些？有哪些技术应用？
2. 简述智能建筑、绿色建筑、数字建筑、信息化建筑中数智技术的应用。
3. 简述智能化系统在建筑节能中的作用。

 头脑风暴

1. 结合国家数字化转型，将数字技术用于城市更新，为了更好地与建筑智能化结合，你认为还需要掌握哪些知识和技能？

2. 践行绿色建造与低碳设计，推动数字赋能绿色人居，查阅国家近三年出台的相关规范或规程。

一、CIM 基本含义

1. CIM 的起源

从 20 世纪 90 年代开始，中国城市管理信息化领域引入了 GIS 技术作为基础工具，并以此提出了城市网格化管理理念，使城市管理信息化的概念也由"数字城市"向"智慧城市"升级。因此，城市信息化形成了全要素采集、全专业建模、全生命周期管理、全空间数字化管理、全场景支撑的建设理念，城市信息模型（City Information Modeling，CIM）的概念也正是在此背景下发展而来。由此 CIM 是城市发展的新方向。

2. 基本内涵

2020 年及 2021 年，住房和城乡建设部办公厅发布了《城市信息模型（CIM）基础平台技术导则》和《城市信息模型（CIM）基础平台技术导则（修订版）》，从内涵将 CIM 区分为"模型"和"平台"两层含义，如图 6-4 所示。

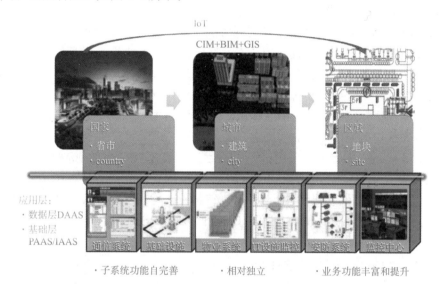

图 6-4 城市空间数字平台

城市信息模型（City Information Modeling，CIM），是建筑信息模型（BIM）、地理信息系统（GIS）中信息化"I"的升级，物联网（IoT）技术实现城市网格系统与地理和建筑系统对接，构建了城市空间数据结构信息的有机综合体。以"多规合一"业务协同平台为核心，利用三维数字模型 BIM＋IoT 支撑城市规划、建设、管理、运行工作，构建城市信息模型基础平台（Basic Platform of City Information Modeling），建设智慧城市的基础性和关键性信息。

二、CIM 基础平台的构成与功能

1. CIM 基础平台总体架构

CIM 基础平台总体架构应包括三个层次和两大体系，包括设施层、数据层、服务层，以及标准规范体系和信息安全与运维保障体系。横向层次的上层对其下层具有依赖关系；纵向体系对于相关层次具有约束关系。

（1）设施层：包括信息基础设施和物联感知设备，是基础设施，可以实现跨区域级互联互通。

（2）数据层：进行分布式城市运算系统、城市运营指挥中心、城市智慧决策系统建设，至少包括时空基础、资源调查、规划管控、工程建设项目、物联感知和公共专题等类别的数据存储、数据分类、数据挖掘、数据服务的 CIM 数据资源体系，实现跨层级的数据互通。

（3）服务层：提供数据汇聚与管理、数据查询与可视化、平台分析、平台运行与服务、平台开发接口等跨业务的社会综合体系及行业服务体系等功能服务。

（4）标准规范体系：应建立统一的标准规范，与国家城市基础设施数字化、网络化、智能化、信息化技术规范衔接，整体规划 CIM 基础平台的建设和管理。

（5）信息安全与运维保障体系：按照国家网络安全等级保护相关政策和标准，建立运行、维护、更新与信息安全保障体系，保障 CIM 基础平台网络、数据、应用及服务的稳定运行。

2. CIM 基础平台建设内容

CIM 基础平台可支撑工程建设项目策划协同、立项用地规划审查、规划设计模型报建审查、施工图模型审查、竣工验收模型备案、城市设计、城市综合管理等应用，用户宜包括政府部门、企事业单位和社会公众等。通过数据源，包括建筑信息模型 BIM、基础地理信息数据 GIS、自然资源基础数据、工程建设项目规划审批数据、物联网实时感知数据的汇聚，建立时间标识、空间标识、属性标识，融入 CIM 数据资源池，利用分布式存储、分布式算法、分布式任务调度等完成数据融合系统管理。

CIM 基础平台的空间参考应采用 2000 国家大地坐标系（CGCS 2000）的投影坐标系或与之联系的城市独立坐标系，常见地理空间的数据结构是国家—省市—城市—区域—地块（site），建筑空间的数据结构是地块（site）—建筑物—楼层—房间，将地理和建筑系统与网格系统对接，构建多维异构的地理相关信息的管理系统 GIS。

3. 平台运行与服务

平台支持物联网（IoT）与建筑智能化设备的物联感知，进行数据动态汇聚与运行监控，实现对建筑能耗、气象、交通、城市运行与安防和生态环境等指标监测数据的读取与统计、监测指标配置、预警提醒、运行状态监控、监控视频融合展示等功能，实现建筑技术与信息技术的集成应用。因此，平台服务应具备 CIM 数据服务、服务代理调用及监控、负载均衡等能力。平台提供二、三维缓冲区分析，叠加分析，空间拓扑分析，通视分析，视廊分析，天际线分析，绿地率分析，日照分析等功能。

4. 平台开发接口

平台开发应具有数字化架构，宜以网络应用程序接口（Web API）或软件开发工具包（SDK）等形式提供，提供丰富的开发接口或开发工具包支撑智慧城市各行业 CIM 应用，同时，向用户提供开发指南或示例 DEMO 等说明文档。

三、CIM 技术工程建设项目各阶段应用

1. 规划阶段

合理运用 CIM 技术能够预览规划成果，优化城市空间布局是智慧城市建设实施的关键阶段。例如，上海杨浦滨江开发区运用鲁班 CIM 技术 1∶1 可视化还原规划设计成果，对建成后整体环境进行预览，进一步对比规划方案，提升规划的科学合理性。其水务项目在规划设计阶段，将 CIM 平台与物联网设备的数据进行对接，实时模拟水位变化，并根据水位及时做出响应或报警，以便及时作出决策并管理。河北雄安新区作为探索中国城市高质量发展新模式的前行者，拥有目前国内最典型的 CIM 应用案例，从规划阶段便开始搭建以 CIM 为核心的时空大数据平台，建立园区 CIM 体系，通过"数字孪生"平台技术，在实现现实城市建设规划的同时，同步建设打造孪生城市和智能城市。在深圳保障房建设过程中，运用 CIM 技术搭建保障房规划建设决策指挥平台、项目建设全过程监管与信息共享平台，解决体量大、任务重的问题，支撑深圳保障房的规划建设，有助于提升保障房建设的速度。

2. 建设阶段

建设阶段应用 CIM 技术可进行建设施工场景可视化、工程量计算、项目进度质量管理等，显著提升建设过程精细化监管效能。如重庆仙桃数据谷在建设阶段部署鲁班 CIM 平台，施工人员能够可视化监督建筑信息、工程进度、安全数据等内容，有助于大幅度提升项目的管控水平。南京市南部新城集中展示区，以三维城市设计模型数据为基础，该项目使用鸿业 3D GIS 平台，载入医疗中心项目 BIM 模型、基础设施 BIM 模型和集中展示区倾斜摄影三维模型，搭建南部新城 CIM 平台，并接入市政基础设施建设，对工地进行实时监控管理，以了解现场施工进度，把控施工质量，及时制止违规操作。

3. 运维阶段

运维阶段 CIM 应用，可消除各系统信息孤岛，实时监控运行态势，及时进行运营维护、可视化应急指挥、保障城市正常运行。如青岛中央商务区项目，利用建立的基于 CIM 的城市综合管理平台，打造交通、综治、产业、安全四大运行指数，衡量青岛中央商务区总体运行健康发展态势，实现了中央商务区全生命周期的业务贯通。江苏南通创源科技园实施工程在采用 CIM 数据平台，在各系统之间实时进行信息交流和数据共享，通过整合、分析计算各子系统采集到的数据，结合设计预案，对各种非正常状况作出实时判断，进而实施有效的预警联动。河北南拒马河防洪治理工程，通过设置感知＋物联＋智慧＋CIM 防洪堤坝综合监控管理系统融合工程设计和 IT 设计，依托物联网、云平台、遥感、GIS、BIM、监控报警等技术，将防洪堤坝管理系统纳入一个即时的可管理、可监控、可调度的智能平台上，实现快速、协同、智能管理与科学决策，并接入雄安 CIM 平台。

整体来看，目前 CIM 应用主要是参与城市生命周期的特定阶段，实现贯跨行业、跨部门联通，数据共享。随着"新基建"战略的实施，更多的数字孪生城市也将被建立。作为智慧城市和数字孪生城市的模型基础，CIM 未来将有很大的应用前景。

四、基于 CIM 平台的智慧建筑解决方案

智慧城市建设提速智能化系统建设。例如，广州市 CIM 平台对接设计、施工、竣工产

生，基础平台可实现三维模型与信息全集成、可视化分析、模拟仿真、AI 辅助审查、多视频接入的无缝衔接，具有三维场景融合、物联网接入、BIM 模型轻量化格式高效转接等多项功能，大幅提升智慧城市和建设工程多方主体的精细化管理水平。

当前，广州市探索发展新基建与新城建新思路，将进一步推动 BIM、CIM 等新技术与新城建项目落地应用，实现"老城市新活力"。CIM 平台即可作为智慧建筑人力管控的驾驶舱，实现如图 6-5 所示智慧建筑智能化系统的运行，从通信技术＋建筑，到工业控制系统＋建筑，到软件信息系统＋建筑，再到互联网（云）＋建筑。智慧建筑智能化系统推进城市建筑进入信息化革命。

图 6-5　基于 CIM 的智慧建筑智能化解决方案

（1）BA 楼宇自动化。CIM 平台可对接更多智能建筑子系统，如电梯监控、消防电源监控、多媒体信息发布系统、人流统计系统等，实现信息数据实时定位监控，关注建筑内部设备的运行状态、建筑内环境信息及能耗的情况，通过自动化的控制系统实现建筑内部设备按时、按需自动调整运行状态，服务于建筑内人群，帮助建筑物业管理。

（2）SA 安防自动化。SA 安防自动化关注建筑内部安全防卫情况，通过各个智能化子系统的部署来收集反馈建筑安防信息，实现对人员、车辆、物资等安全的精细化管理。

（3）FA 消防自动化。CIM 平台通过对建筑内部场景的还原，对火灾报警点位以虚拟化的形式进行展现，在任意点位报警都可直观展示在建筑三维模型之上，精确定位险情所在，对疏散照明系统及喷淋系统可由 CIM 平台统一发布指令进行远程控制，结合空间信息实现精确的喷淋灭火及疏散通道规划。CIM 平台可实现对建筑内防火门开闭状态的监测，根据火灾报警情况及时调整防火门状态。

（4）OA 办公自动化。建筑内部工作环境的优化依赖各种自动化控制系统，如灯控、温湿度控制、空调风力调节等，以 CIM 平台为驾驶舱，实现对多个系统的综合管控，实现工作环境在各方面的和谐统一。

CIM 平台可与线上/线下会议室预定系统实现数据同步，对建筑内会议室的使用情况进行实时更新，同时，CIM 平台可作为会议室的预定查询平台，将使用信息与空间位置进行对应展示，提高会议室分配管理效率。

（5）CA 通信自动化。CIM 平台可结合室内定位系统，对点位布置及巡检等工作提供空间位置展示，辅助物业管理工作，主要侧重于基础通信网络环境的稳定可靠，以及在此基础上的各种应用系统，如无线对讲系统、巡更系统、信息发布系统、多媒体会议系统等。

以 BIM 相关标准作为引领，住建行业打造联动工建改革与智慧城市建设的统一场景和平台，基于 GIS、政务信息、物联网数据、三维模型、BIM 模型等多源数据的汇聚互通，形成多方应用的智慧数据资产。

五、CIM 发展的关键技术探讨

鉴于 CIM 在国内外均属于新生事物，且在涉及多个尺度、多个模型、多个行业的汇聚和融合，制约 CIM 发展的关键技术如下。

1. 海量多源异构数据的汇聚及融合技术

CIM 首先要考虑城市海量数据的存储和处理问题，仅以中国第一高楼上海中心为例，其 BIM 模型数据量高达 250 GB，三维构件数达 300 万个，而这一数据量到城市级别则将呈几何级别增长，因此，要提高 CIM 基础平台的性能、效率，必须解决海量数据的汇聚和融合技术问题。其次，不同行业、不同渠道的数据在格式和标准上有很大的不同，这就给多源异构数据的融合带来了困难。主流的 BIM 软件格式的数据转换格式，会存在信息缺失的问题；海量异构信息需要在统一的空间地址和编码上进行衔接和匹配，这就涉及空间坐标转换及衔接的问题。最后，除技术本身外，建立健全合理的数据共享和数据更新的制度维护体系也是保障海量数据汇聚的根本。

2. BIM 与 GIS 的融合技术

微观场景的 BIM 技术与宏观场景的 GIS 技术融合是 CIM 平台建设的关键技术难点，也是近年来学术界的热议话题。学术界认为，GIS 数据融入 BIM 更符合项目精细化管理的需求。鉴于 BIM 模型大多是基于平面坐标系，有多种独立的数据格式，而实体空间数据大多是带有地理坐标的地理信息，BIM＋GIS 的相互融合就会涉及如 BIM 数据与 GIS 软件的无损接入、海量 BIM 模型数据的轻量化、BIM 模型与地理信息数据的坐标转换、BIM 模型与 TIN 模型数据源的处理等关键技术。

3. CIM 标准体系的建立

BIM 可实现单个行业从设计、施工、运维纵向各阶段的打通，需要工程各阶段不同专业和不同参与主体之间的信息传递和共享，需要行业、部门制定 BIM 与 CIM 融合的标准体系。目前，各试点城市和项目在推行 CIM 基础平台建设的同时，也陆续在探索项目级和城市级的一些数据编码标准、基础数据标准，模型交付标准、基础平台技术标准等，但尚未形成统一认识的标准体系框架。因此，在国家、行业、地方、企业各级 CIM 标准编制应该具有专业性、全面性和权威性，补足缺位带来的行业不规范现象。

4. 信息安全技术

CIM 基础平台未来将汇聚城市海量精细尺度的数据和模型，在挑战数据存储技术的同时，也会带来数据使用、传输、共享过程中的系列安全问题，如何采用信息安全技术保证城市信息安全也是面临的一大技术挑战。

1. 从 BIM、GIS 和 CIM 应用层面，谈谈你的认识。
2. 试举例说明智慧建筑中智能化系统如何应用 CIM 技术。

一、设计目标

该项目位于医学园区(总平面图如图 3-1 所示),建筑组群由商业、办公及养老公寓组成。本项目立足打造高品质绿色建筑坐标,设计标示为二星级,拟成为以"绿色、节能、环保、低碳"为品牌特色的生态社区。因此,针对本项目内建筑能耗进行分项采集、集中监控、动态评价,通过系统整合,纳入智慧运维平台管理,提高建筑的综合使用功能和物业管理的效率,确保建筑内所有设备处于高效、节能的最佳运行状态。

二、设计原则

1. 设计依据

(1)《智能建筑设计标准》(GB 50314—2015);

(2)《绿色建筑评价标准》(GB/T 50378—2019);

(3)《数字化城市管理信息系统 第1部分:单元网格》(GB/T 30428.1—2013);

(4)《智慧住区设计标准》(T/CECS 649—2019);

(5)《信息技术 软件生存周期过程》(GB/T 8566—2007);

(6)《信息技术互连国际标准》(ISO/IEC 11801);

(7)《城市基础地理信息系统技术标准》(CJJ/T 100—2017)。

2. 设计原则

平台总体系统集成原则是:基于 BIM 开发,将建筑整体展现于平台,以计算机网络为基础、软件为核心,共享和交换信息,实现功能集成、网络集成、软件界面集成的总体目标,完成能耗公示、能耗分析、分项报表、远程抄表及详细的管理功能。

3. 功能实现

(1)对各设备子系统进行统一监测、控制和管理:集成系统将分散的、相互独立的智能化子系统,用相同的环境、相同的软件界面进行集中监视。如管理员可通过桌面监视保安、巡更的布防状况,会议及网络系统的状态等。

(2)提供开放的数据结构,共享信息资源:采用计算机集成网络系统的开放工作平台,采集、转译各子系统的数据,建立对应系统的服务程序,接受网络上所有授权用户的服务请求。

三、运维平台

1. 管理现状

(1)本项目有 25 项子系统,配置较全面,但子系统之间互为独立,本地运行不联网;

(2)变配电所配电屏、电表、楼层水表、电表的巡更、监控、设备维护等表单记录,人工抄收,工作量大,且无法数据共享;

(3)系统管理模式粗放,数据无电子化收集、缺少专业运营策略分析。

2. 集成监控平台

建筑及建筑群在投入使用之后,设备设施能耗费用占总成本的 1/3,维护保养费用也近三成。因此，实现设备监控，节能减排，需要搭建基于大数据的监测与运维一体化运维平台，使其实现环境监测、设备管理、故障报警、能耗预测、远程运维等功能。大数据采集分析流程如图 6-6 所示。

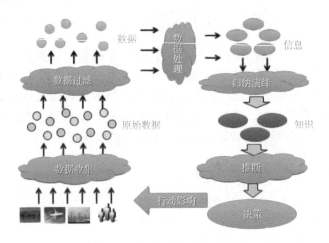

图 6-6　大数据采集分析流程图

智慧建筑运维平台由一个云数据中心，应用通信网、互联网、物联网三张网络协同安全防范、物业管理，架构分为终端设备层、边缘计算层、网络层、云服务层、智能应用层五部分。终端设备层是架构的底基，由无线传感网络、通用 DDC、数据集中器、电气参数检测模块、第三方数据接口组成，获取建筑中各类数据。如照明系统、空调系统、电梯群控、路灯等分散设备，利用二维码、RFID 和蓝牙地址等物联网终端标识，通过局域物联网获取数据，进行智能分析和应用，实现能效管理、智慧运维、远程监控等应用体系。其平台如图 6-7 所示。

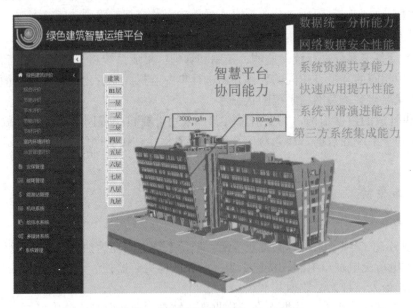

图 6-7　智慧建筑运维平台核心功能

项目回顾

BIM＋GIS＋大数据的绿色建筑智慧平台的建设是数字化、信息化、智能化、绿色化的集成。物联网、CIM技术的融入可积极推进智慧平台，实现低碳、节能减排的效果。相信随着人工智能大数据处理技术的应用普及，绿色建筑会不断进化，更加以人为本。

 课堂思考题

1. 叙述工程建设项目BIM应用的内容。
2. 工程建设城市设计需要哪些平台数据？

1. 模拟量输入（Analog Input，AI）

直接数字控制器（DDC）的一种接口。

2. 模拟量输出（Analog Output，AO）

直接数字控制器（DDC）的一种接口。

3. 建筑物自动化系统（Building Automation System，BAS）

建筑设备自动化系统是以中央计算机为核心，对建筑设备的监控和管理，构成的综合系统，简称 BA 系统。

4. 建筑信息模型（Building Information Model，Building Information Modeling，Building Information Management，BIM）

建筑信息模型（BIM）是工程建设的数字化实施技术，可实现工程项目的规划、设计、施工以及运维的全寿命周期的信息化管理。

5. 通信自动化（Communication Automation，CA）

6. 总线控制器局域网（Controller Area Network，CAN）

7. 控制器局域网总线技术（Controller Area Network Bus，CANBUS）

8. 通信自动化系统（Communication Automation System，CAS）

9. 集中结构（Central Control System，CCS）

10. 城市信息模型（City Information Modeling，CIM）

以建筑信息模型（BIM）、地理信息系统（GIS）、物联网（IoT）等技术为基础，整合城市全方位的信息数据模型，构建城市三维数字空间信息综合体。

11. 通信网络系统（Communication Network System，CNS）

通信网络系统可实现语音、数据、图像的传输，确保与外部通信网络相连，信息畅通。

12. 数据库管理系统（Database Management System，DBMS）

13. 分布式控制系统（Distributed Control Systems，DCS）

14. 直接数字控制器（Direct Digital Control，DDC）

15. 数字量输入（Digital input，DI）

16. 数字量输出（Digital output，DO）

17. 火灾报警系统（Fire Alarm System，FAS）

18. 现场总线式控制系统（Field bus Control System，FCS）

19. 物业管理系统（Facilities Management System，FMS）

20. 地理信息系统（Geographic Information System 或 Geo-Information System，GIS）

在计算机硬、软件系统支持下，对地理空间分布数据的采集、储存、管理、运算、分析、显示和描述的技术系统，又称为"地学信息系统"。

21. 高比特率数字用户线（High-speed Digital Subscriber Line，HDSL）

22. 室内空气品质（Indoor Environmental Quality，IAQ）

反映了人们对建筑室内空气品质优劣满意程度的控制指标。

23. 信息与通信技术(Information and Communications Technology，ICT)

24. 室内环境品质(Indoor Environmental Quality，IEQ)

通过检测室内空气品质、照明、声音、视觉品质的参数，对室内空气品质的主观和客观评价。

25. 物联网(Internet of Things，IoT)

IoT 是指通过信息传感器、射频识别技术、全球定位系统、红外感应器、激光扫描器等各种装置与技术，实时采集需要监控、连接、互动的物体或过程，实现物与物、物与人的泛在连接，是互联网基础上的延伸和扩展的网络，实现对物品和过程的智能化感知、识别和管理。

26. 综合业务数字网(Integrated Services Digital Network，ISDN)

ISDN 是一个数字电话网络国际标准，能够支持多种业务，包括电话业务和非电话业务。

27. 发光二极管(Light Emitting Diode，LED)

28. 现场总线系统或局部操作网(Local Operation Network，LON)

29. 综合计算机信息管理系统(Management Information System，MIS)

30. 串行通信协议(Modbus)

Modbus 是工业电子设备之间常用的连接方式。Modbus 协议目前存在用于串口、以太网及其他支持互联网协议的网络的版本。

31. 网络控制单元(Network Control Unit，NCU)

32. 开放数据库连接(Open Data Base Connection，ODBC)

33. 办公自动化系统(Office Automation System，OAS)

办公自动化系统是应用计算机技术、通信技术、多媒体技术和行为科学等先进技术，服务于某种办公目标的信息系统。

34. 广播系统(Public Address System，PAS)

35. 综合布线系统(Premises Distribution System，PDS)

36. 平台即服务(Platform as a Service，PaaS)

把服务器平台作为一种服务提供的商业模式。

37. 无线射频识别(Radio Frequency Identification，RFID)

38. 保安管理系统(Security Management System SAS)

39. 智慧城市(Smart city)

起源于传媒领域，是指利用各种信息技术或创新概念。

40. 智慧城市总体架构(Smart city architecture)

从业务、数据、应用、基础设施、安全、标准、产业 7 个维度出发，对智慧城市建设的核心要素及要素间关系进行的整体性、抽象性描述。

41. 智慧城市顶层设计(Smart city top-level design)

从城市发展需求出发，运用体系工程方法统筹协调城市各要素，对智慧城市建设目标、总体框架、建设内容、实施路径等方面进行整体性规划和设计的过程。

42. 非屏蔽双绞线(Unshielded Twisted Pair，UTP)

序号	资源名称	项目类型
1	项目1二维码 工程项目的设计阶段	项目一 任务一 智能化系统工程建设流程
2	项目1二维码 工程建设项目种类	
3	项目1二维码 办公楼弱电系统图	
4	项目1二维码 公交站工程智能化系统建设项目建议书	
5	项目1二维码 任务练习 绿色建筑、智能建筑等级评估申报流程	
6	项目1二维码 电气施工图组成	项目一 任务二 建筑智能化系统配置标准
7	项目1二维码 智能建筑环境控制	
8	项目1二维码 任务练习 建筑智能化系统配置需求调研表	
9	项目1二维码 国内智能建筑代表性工程	项目一 任务三 智能建筑BIM技术应用
10	项目1二维码 基于BIM技术的智能化系统工程调研报告	
11	项目2二维码 智慧社区安全防范系统设计	项目二 任务一 智慧社区
12	项目2二维码 智慧屋设计	
13	项目2二维码 智慧社区实训	
14	项目2二维码 停车库管理系统	
15	项目2二维码 任务练习 智慧社区之访客对讲管理系统	
16	项目2二维码 消防报警联动系统实训	项目二 任务二 火灾自动报警系统
17	项目2二维码 任务练习 火灾报警系统及联动控制	
18	项目2二维码 例图1、2：火灾自动报警系统图设计	
19	项目3二维码 DDC组态软件练习	项目三 任务一 智能楼宇设备监控系统
20	项目3二维码 智能楼宇设备监控实训练习	
21	项目3二维码 BAS系统的设计流程	
22	项目3二维码 任务练习 供配电系统的监控	
23	项目3二维码 任务练习 中央空调系统DDC的配置	
24	项目3二维码 任务练习 DDC给水排水系统的运行与监控	
25	项目3二维码 任务练习 建筑设备监控系统设计	
26	项目3二维码 任务练习 建筑能效平台监控	
27	项目3二维码 医学园区建筑设备管理系统设计与实施	项目三 任务二 建筑能效监管系统

序号	资源名称	项目类型
28	项目 4 二维码 综合布线六个子系统	项目四 信息设施系统
29	项目 4 二维码 办公楼综合布线系统	
30	项目 4 二维码 智能楼宇综合布线	
31	项目 4 二维码 案例分析 商务楼综合布线系统	
32	项目 4 二维码 任务练习 综合布线系统设计	
33	项目 5 二维码 任务练习 数字校园一卡通管理系统	项目五 任务一 智能卡管理系统
34	项目 5 二维码 案例分析 数字校园弱电工程	项目五 任务二 数字校园弱电综合系统
35	项目 5 二维码 任务练习 弱电系统综合管道实施	
36	项目 5 二维码 弱电系统管线资料	
37	项目 6 二维码 基于 BIM 的绿色智慧建筑运维平台	项目六 绿色智慧建筑应用
38	项目 6 二维码 建研院智能楼宇应用	
39	项目 6 二维码 任务练习 绿色建筑大数据应用	

配套图纸

序号	资源名称	类型
1	附图 1　机房布置图	项目三 案例分析　商业综合体自动化工程实施
2	附图 2　电气综合监控系统拓扑图	
3	附图 3　BA 系统图(局部)	
4	附图 4　供配电系统——BM 供配电系统检测	
5	附图 5　楼层配电箱信息采集装置系统构架图	
6	附图 6　商务楼综合布线系统设计	项目四 案例分析　商务楼综合布线系统
7	附图 7　新学校总平面图(局部)(一)	项目五 案例分析　数字校园弱电工程
8	附图 8　校区电缆表(二)	

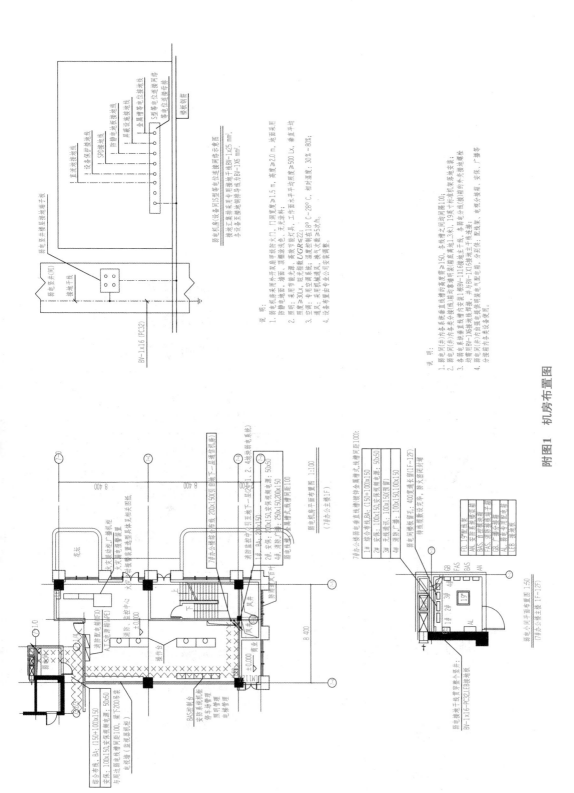

附图1 机房布置图

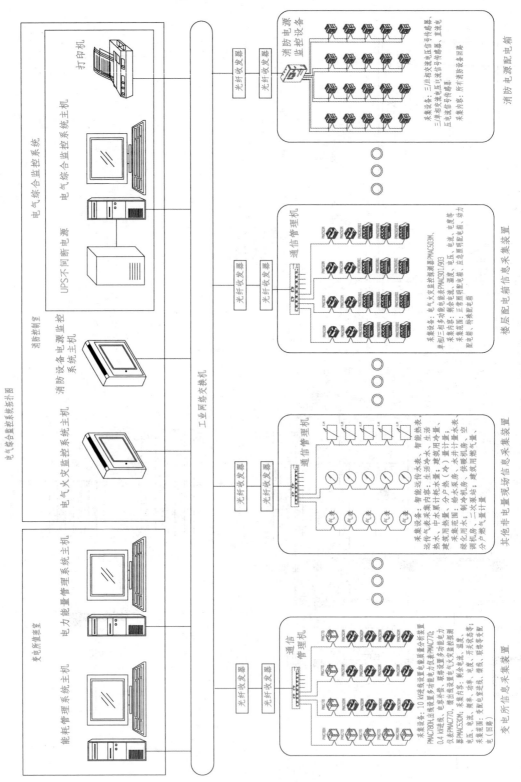

电气综合监控系统拓扑图

附图2　电气综合监控系统拓扑图

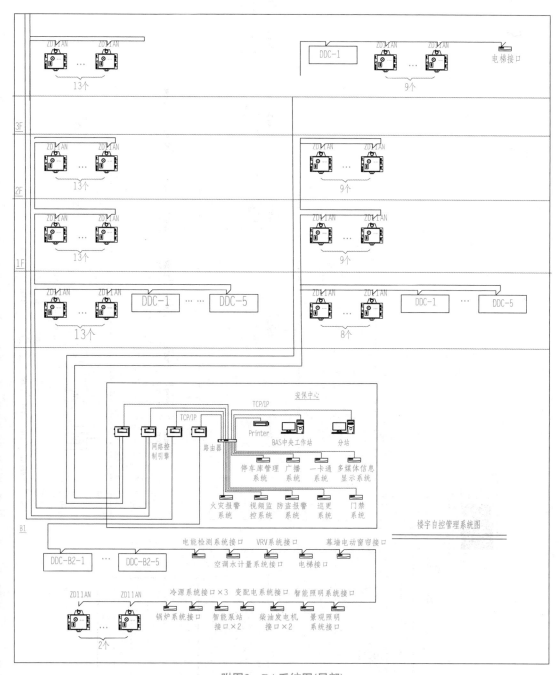

附图3 BA系统图(局部)

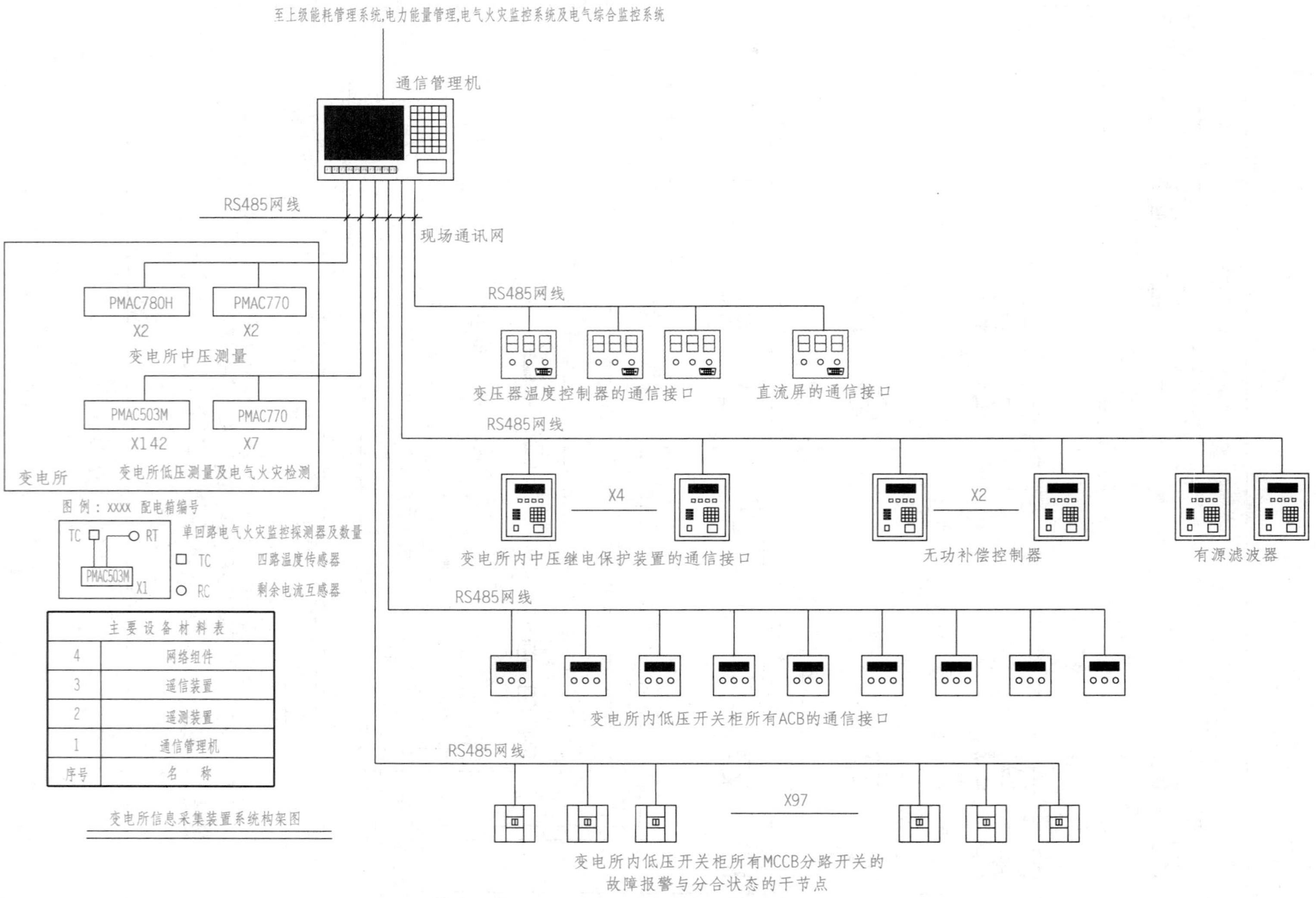

附图4　供配电系统——BM供配电系统检测

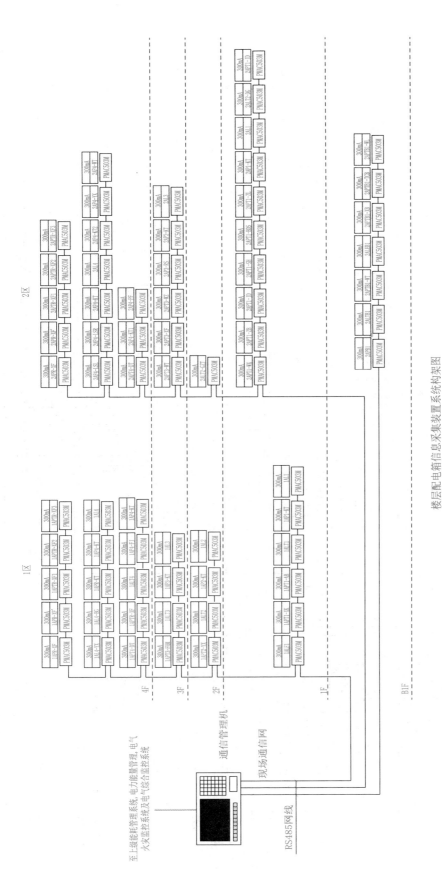

楼层配电箱信息总采集装置系统构架图

附图5　楼层配电箱信息采集装置系统构架图

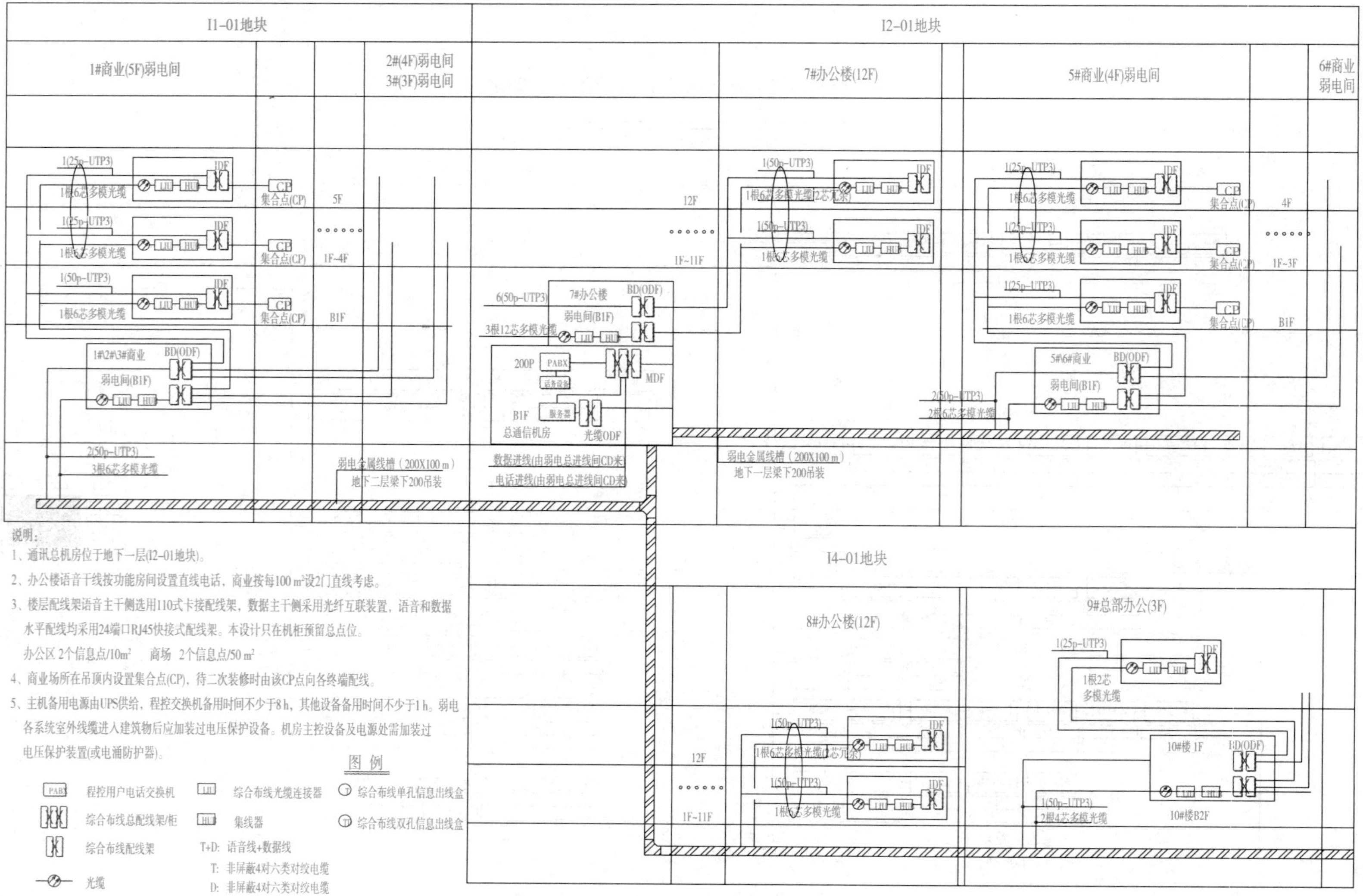

附图6 商务楼综合布线系统设计

说明:
1. 通讯总机房位于地下一层(I2-01地块)。
2. 办公楼语音干线数均按房间同数量设置内置电话,商业楼每100㎡设个直线考虑。数据主干满采用相邻终线,语音智器器器。
3. 楼层配线架语音主干从缆采用10大卡接线缆。数据主干从缆采用相邻互联线缆。本设计只在缆断预留点位。
水平配线均采用24端口RJ45快接式配线架。本设计只在缆断预留点位。
办公区 2个信息点10㎡，商务 2个信息点50㎡
4. 商业场所在品设置集点CP，符二次装修时由接CP点向各终端配线。
5. 主机备用电源由UPS供给。程控交换机各即时间不少于8h，其他设备即时间不少于1h。弱电用电器即时间不少于8h，机房主控设及及电裹处端温装过。
各系统室外综合线进入建筑物后应加装过压保护器或电涌保护器。
电压保护装置或电涌护护器。

图 例

	程控用户电话交换机	⊙	综合布线单孔信息出线盒
	综合布线总配线架	◎	综合布线双孔信息出线盒
	综合布线配线架		
	综合布线配线架	T-D: 语音线+数据线	
		D: 非屏蔽4对六类对绞电缆	
		D: 非屏蔽4对六类对绞电缆	
—○— 光缆			

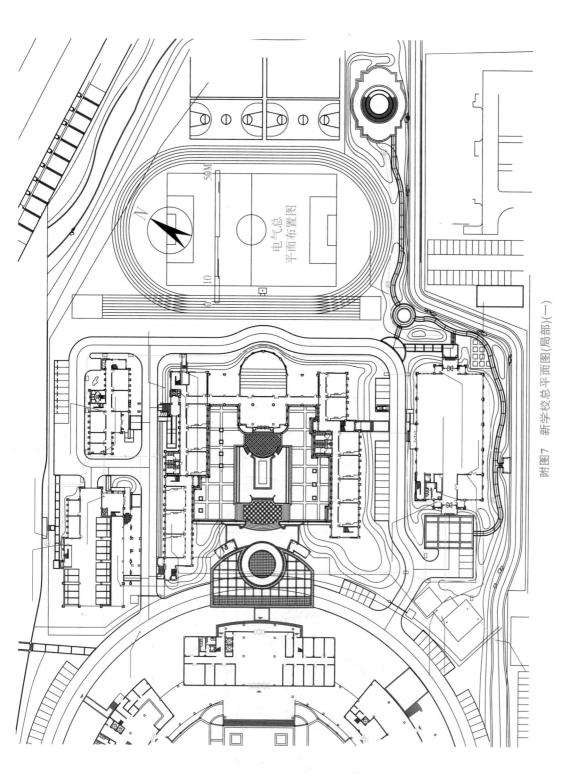

电气总
平面布置图

附图7 新学校总平面图(局部)(一)

校区电缆一览表

电缆编号	起点	终点	电缆规格	穿管	备注
10 KV	区域配电站	变电所	YJV22-4×50+1×25	2SC150	型号由供电局定
AAn/N1	变电所	体艺馆配电箱1AP	YJV22-4×120+1×70	SC100	
AAn/N2	变电所	教学楼配电箱1AP	YJV22-4×120+1×70	SC100	
AAn/N3	变电所	2AP	YJV22-4×70+1×35	SC100	
AAn/N4	变电所	3AP	YJV22-4×150+1×70	SC125	
AAn/N5	变电所	4AP	YJV22-4×120+1×70	SC100	
AAn/N6	变电所	办公楼配电箱1AL	YJV22-4×70+1×35	SC100	
AAn/N7	变电所	食堂配电箱AP	YJV22-4×120+1×70	SC40	
AAn/N8	变电所	门卫照明箱1AL	YJV22-5×16	SC32	
AAn/N9,N10(消防回路)	变电所	变电所消防照箱 AT-BDS	NH-YJV-5×6	SC32	
AAn/N11,N12	变电所	水泵分配电箱 AT-BPB	YJV22-5×6	SC32	
AAn/N13,N14(消防回路)	变电所	水泵消防配电箱 AT-XFB	NH-YJV-3×35+2:16	SC25	
1AL-N1,N2,N3	门卫1照明箱1AL	路灯	YJV22-3×6	SC32	
AAn/N15	变电所	监控专用配电配电箱监控箱	YJV22-5×10	3PC50	
TP,TO,TV	当地电信局	一层配电房数据中心		3PC50	
TP1,TO1,TV1	办公楼	数字表电井		3PC50	
TP2,TO2,TV2	数字楼	二层配电房数据中心		3PC25	
TP3,TO3	数字楼	一层楼数据中心TP,TO,TV		2PC25	
TP4,TO4	数字楼	数字表电井TP,TO		2PC25	
TP5,TO5	数字楼	数字表电井TP,TO		2PC25	
A,S,D,F	一层配电房数据中心	门卫	D-DC24V消防线/ZN-BV-2×2.5; S.总线回路/ZN-RVS-2×1.5; F.电话线/ZN-RVS-2×1.5; K1.标准线/ZN-KYJ1-8×1.5 SC25; B.广播线/ZN-RVS-2×1.5 SC20	}SC25	
K	水泵房消防装控制箱 AT-XFB	消防火栓控制箱	KVV22-4×2.5	SC25	
K	水泵房消防装控制箱 AT-XFB	火灾警控报警器	KVV22-4×2.5	SC25	

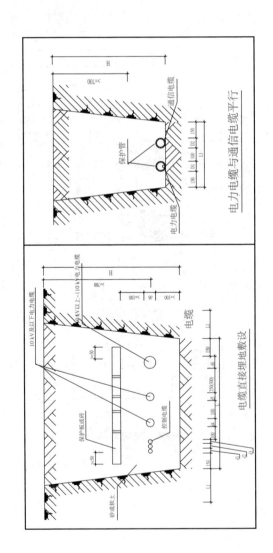

电力电缆与通信电缆平行

电缆直接埋地敷设

图例

图例	说明	图例	说明
—10 KV—	10 KV电力电缆	—S.D.F.B.K1—	消防线路
—D—	0.38 KV电力电缆	—TP.TO.TV—	电话线,宽带线,电视电缆
—K—	消火栓泵按钮控制线	□	J-电缆手孔井

附图8 校区电缆表(二)

参 考 文 献

[1] 中华人民共和国住房和城乡建设部. GB 50314—2015 智能建筑设计标准[S]. 北京：中国计划出版社，2015.

[2] 中华人民共和国住房和城乡建设部.GB 50116—2013 火灾自动报警系统设计规范[S]. 北京：中国计划出版社，2014.

[3] 中华人民共和国住房和城乡建设部.GB 50348—2018 安全防范工程技术标准[S]. 北京：中国计划出版社，2018.

[4] 王波. 智能建筑导论[M]. 北京：高等教育出版社，2003.

[5] 潘新民，王燕芳. 微型计算机控制技术[M]. 北京：高等教育出版社，2001.

[6] 张瑞武. 智能建筑[M]. 北京：清华大学出版社，1996.

[7] 蔡龙根. 构建智能大厦[M]. 上海：上海交通大学出版社，2003.

[8] 李界家. 智能建筑办公网络与通信技术[M]. 北京：清华大学出版社，北京交通大学出版社，2004.

[9] 杨育红. LON 网络控制技术及应用[M]. 西安：西安电子科技大学出版社，1999.

[10] 黎连业. 智能小区九大系统设计与实现[M]. 北京：科学出版社，2003.

[11] 程大章. 智能建筑工程设计与实施[M]. 上海：同济大学出版社，2001.

[12] 刘国林. 建筑物自动化系统[M]. 北京：机械工业出版社，2003.

[13] 董春桥. 智能楼宇 BACnet 原理与应用[M]. 北京：电子工业出版社，2003.

[14] 樊伟樑. 智能建筑(弱电系统)工程设计方案及示例[M]. 北京：中国建筑工业出版社，2007.

[15] 杨绍胤. 智能建筑设计实例精选[M]. 北京：中国电力出版社，2006.

[16] 方潜生. 建筑智能化概论[M]. 北京：中国电力出版社，2007.

[17] 王再英，韩养社，高虎贤. 智能建筑：楼宇自动化系统原理与应用[M]. 北京：电子工业出版社，2005.

[18] 杨铁树. 感知＋物联＋智慧＋CIM 防洪堤坝综合监控管理系统设计[J]. 水科学与工程技术，2019(2)：27—29.

[19] 佚名. 从 BIM 到 CIM 助力新型智慧城市建设提质增效[J]. 建筑市场与招标投标，2019(3)：19—20.

[20] 许斌. CIM 管理平台在智慧园区的应用探索[C]. 第五届全国 BIM 学术会议论文集，2019，273—277.